우주 정복 만화, 지학툰

우주 정복 만화, 지학툰
우리 주변의 과학을 정복하다

2026년 1월 12일 초판 1쇄 인쇄
2026년 1월 26일 초판 1쇄 펴냄

지은이 콜프

책임편집 조자양
단행본사업본부 윤다혜 안지선 이희원
경영지원본부 나연희 주광근 오민정 김수아 김민주 김기현
마케팅 엄귀영 안은지
디자인 이수경(표지) 이수경·조자양(본문)
인쇄 영신사

펴낸이 윤철호
펴낸곳 (주)사회평론
등록번호 10-876호(1993년 10월 6일)
전화 02-326-1182
주소 서울시 마포구 월드컵북로6길 56 사평빌딩
이메일 editor@sapyoung.com

ISBN 979-11-6273-400-1 03400

우주 정복 만화,

우리 주변의 과학을 정복하다

콜프 지음

지학툰

사회평론

콜프야,
무슨
생각해?
멍-

책을 펴내며

지구와 우주를 연구하다 보면 한번씩 '신이 정말 존재하는 게 아닐까?'라는 생각이 들 때가 있다. 누군가 계획해서 만들어놓았다고 할 수밖에 없을 만큼 자연이 매우 정교하게 작동한다는 뜻이다. 수많은 조건들이 한 끗만 어긋났어도 우리는 이 세상에 태어나지 못했을 것이다. 우연히 알맞은 온도와 크기로 태어난 태양이라는 중심별, 그리고 그 별과 적절한 거리를 두고 있는 지구, 적절한 중력과 자전축 기울기, 대기 성분… 생명 탄생 조건이라는 퍼즐을 하나하나 맞춰나가다 보면 그 섬세한 아름다움에 감탄할 수밖에 없다. 우리가 얼마나 많은 우연이 절묘하게 겹쳐 태어난 존재들인지 새삼 실감한다.

마치 생명을 위해 맞춤 설계된 것 같은 세상에 우리는 태어났다. 그렇기에 세상이 어떻게 만들어졌고 어떻게 굴러가는지 알고 싶은 것은 인간의 본능일지도 모른다. 그런 당연한 호기심들이 모여 '지구'와 그를 둘러싼 '우주'를 직접 연구하는

'지구과학'이 탄생했다. 지구와 우주는 내가 살아가는 세상이자 '나' 그 자체다. 우리는 별이 만들어낸 원소로 이루어져 있고, 죽으면 다시 원소로 돌아가 지구의 일부가 된다. 지구와 우주를 연구하는 것은 곧 나를 연구하는 것과 같고, 그래서 지구과학은 더없이 특별하다.

내가 고등학교에 다닐 때 지구과학 교과서 대단원 이름은 '하나뿐인 지구', '살아 있는 지구', '신비한 우주'였다. 나는 이 단원명들이야말로 지구과학을 배워야 하는 이유를 제대로 설명하고 있다고 생각한다. 생명이 살 수 있는 모든 조건을 갖춘, 우주에 단 하나뿐인 소중한 지구. 땅도, 물도, 하늘도 끊임없이 변화하고 순환하며 살아 있는 지구. 그리고 지금까지 알아낸 것보다 모르는 게 훨씬 더 많은, 미지의 것들로 가득한 신비한 우주. 내가 지구과학 교사로서 아이들에게 가르치고 싶은 것이 정확히 이 세 가지다. 지구와 우주를 이루는 모든 요소들이 어떻게 이토록 완벽한 하모니를 이루며 노래하는지, 그것이 얼마나 경이로운 일인지 전하고 싶었다. 이 만화를 그리게 된 계기도 마찬가지였다. 내가 가르치는 학생들뿐만 아니라 더 많은 사람들이 자연의 소중함과 신비를 알았으면 했다.

처음 이 만화를 모 커뮤니티 사이트에 올렸을 때는 걱정과 두려움이 컸다. 지구과학이 그다지 인기 있는 학문이 아닌데, 사람들이 관심을 가질까? 너무 어려워하지는 않을까? 내가 말하려고 했던 게 잘 전달되었을까? 하는 생각들이 업로드 버튼을 클릭하는 그 순간까지 머릿속을 맴돌았다. 그러나 예상 외로 과분한 사랑을 받으면서 서서히 자신감을 얻었고, 이어지는 에피소드들을 척척 그려낼 수 있었다. 그 에피소드들이 인스타툰, 이만배 웹툰을 거쳐 마침내 하나의 책으로 완성됐다. 이 책이 지구를 새롭게 바라보는 눈이 되어주기를 바란다.

끝으로, 만화의 시작부터 끝까지 항상 정독해주고 응원을 아끼지 않았던, 그리고 가끔은 만화의 소재가 되어준 나의 남편 문돌이와 부모님, 시부모님 그리고 언제나 많은 사랑으로 만화를 지켜봐주신 인터넷 속의 독자분들께 이 책을 바친다.

2026년 1월 콜프

목차

1

지구과학도 과학이다

예전에 교무실에 있을 때 옆에 계시던 화학 선생님이
갑자기 혀를 차더니,

쯧… 우리 학교
수준이 많이
떨어졌네…

…라고 말씀하셨던 게 기억난다.

이거 봐.
물리, 화학은
안 하고
죄다 지구과학만
하잖아.
…
옛날엔
이 정도 수준은
아니었는데…
쯧쯧…

(어록이 더 있지만 참겠음.)

물론 그 선생님 말씀이 어떤 뜻인지는 안다.
요새 공대 가려는 애들이 물리, 화학을 몰라서 문제라고들 하지 않는가?

물2·화2 과외
대학생 대상
급구
실제로
본 적
있음

하지만 그렇다고 지구과학을 수준 떨어지는 학문이라고 한다면
조금 서운하다.

흔히들 '물화생지'라 부르는 과학 4총사의 영어 이름은 다음과 같다.

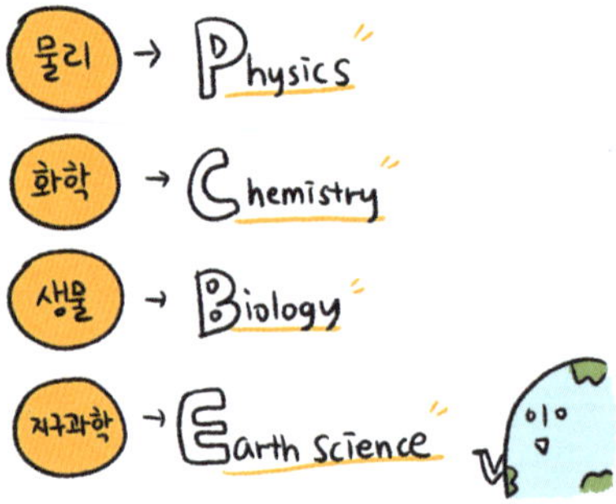

뭔가 특이한 점이 느껴지는지?

그렇다. 누가 봐도 직역한 듯한 이 번역명…!
실제로 지구과학은
한국을 제외하면 일본 정도에서나 독립적인 과목으로 가르친다.

물론 그렇다고 해서 안 중요한 과목이라든가
다른 나라에서 안 가르치는 과목이냐고 묻는다면

놉-
그러면 이 만화 그리지도 않음…

그것은 절대 아니고…
개별적인 여러 학문들을 '지구과학'이라는 이름 아래
묶어낸 거라 볼 수 있다.

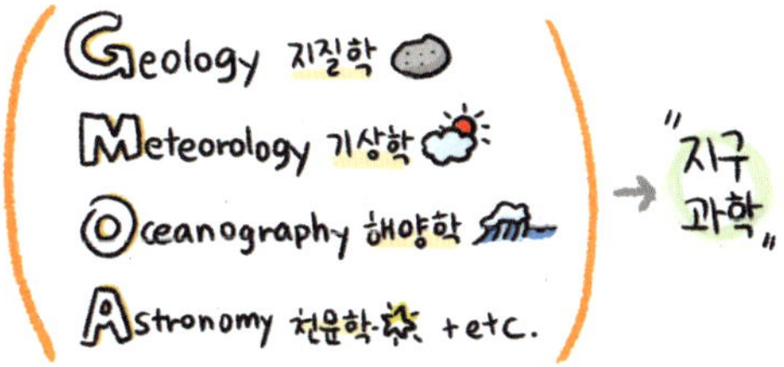
Geology 지질학
Meteorology 기상학
Oceanography 해양학
Astronomy 천문학 +etc.
"지구 과학"

애네들은 확실히 고유 명사인 티가 나죠?

천문학이 왜 '지구과학'에 포함되는지는 갑론을박이 있지만…

천문학은 근-본인데 물리지 왜 지학이야!
천문 없으면 교과서 분량 안 나올까봐 그러지!!!!!
실제로 나온 말
틀린 말은 아니다만…

어쨌든 우리나라 교육과정에서 못박은 지구과학의 정의를 요약하자면 '지구와 그 주변을 다루는 학문'이라 할 수 있겠다.

땅
바다
대기
Would You

학생들에게 지구과학을 왜 선택했냐고 물으면…

요새는 애초에 묻지도 않음
화학 등급이 안 나와서요ㅠ
그나마 지학이 만만해서…
쉽잖아요.
ㅋㅋㅋ

물론! 다른 과학탐구 과목에 비해서 지구과학이 쉽다는 사실은 부정하기 어렵다.

하지만 공부&시험의 난이도와 학문의 경중은 아~무 상관이 없어요…
그리고, 고등학교 수준에선 쉬울 수밖에 없는 이유가 있습니다…
징징징
그니까 지구과학은 과탐 아니라는 소리 좀 흐즈믈르그ㅠ

그래서 더더욱 문과 과목이니 과학도 아니니 소리가 나오는데…
사실 지구과학의 특성을 알고 나면 절대 그런 말을 할 수가 없다.

다른 과학들이 '원리를 바탕으로 현상을 예측하는 학문'이라면,

으아아아아아
중력 가속도에 의해 xxm에서 떨어진 철수는 △△초 후에 초속 ○○m로 떨어진다구!

철수 또 알바 해?
응, 이번엔 수특이래.
수군
수군

지구과학은 '현상을 바탕으로 그에 맞는 원리를 짜맞추는 학문'이다.

허미, 바닷속에 웬 산맥?
심지어 좌우대칭? 누구냐, 넌!
초음파 아앗
응 해령이야.
그니까 조용히 좀 해

한마디로 지구과학은 물, 화, 생과는 달리 기초과학보다는
응용과학에 가까운데,

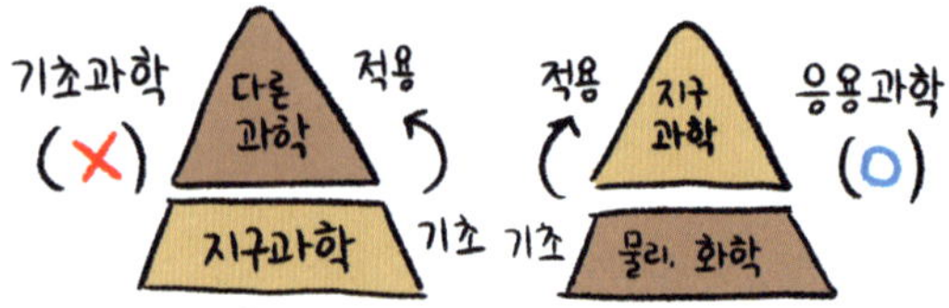
기초과학
(X)
다른 과학
적용
지구과학
기초
적용
지구 과학
응용과학
(O)
기초
물리, 화학

생명과학도 기초과학을 생명에 적용하는 거 아냐?
생명이란 게 원체 특별한 존재니까…
뷴량이 넘사임

현상의 원리를 제대로 해석하려면
굉장히 깊은 수준의 지식이 필요해져서…

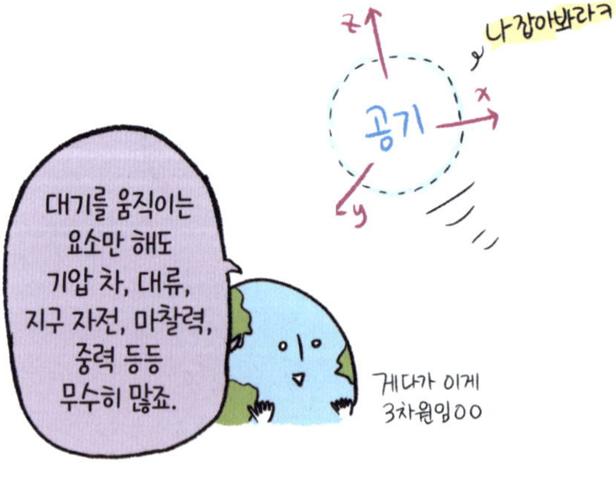
z
나 잡아봐라ㅋ
x
공기
y
대기를 움직이는 요소만 해도 기압 차, 대류, 지구 자전, 마찰력, 중력 등등 무수히 많죠.
게다가 이게 3차원임ㅇㅇ

자연스럽게 고등학교에선 당장 중요한 '현상'만 가르치게 되고

원리와 해석이 빠지다 보니 결국 암기 위주의 쉬운 내용만 남는다.

해류를 예로 들어보면, 무슨 바람에 의해 무슨 해류가 어디로 흐르고…
이런 걸 미친 듯이 암기한 기억이 전부일 것이다.

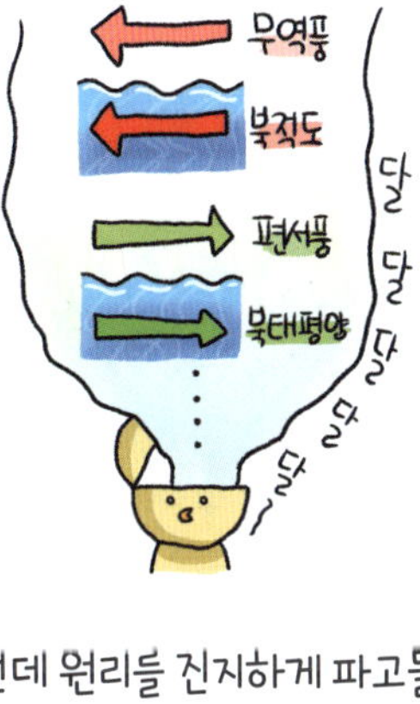

그런데 원리를 진지하게 파고들면
미친 듯한 물리학 용어가 나오기 시작하기 때문에…

고등학교 과정까지는 얌전히 결과만 암기하게 되는 것이다.

게다가, 지구과학의 특성상
시험 문제도 쉬워질 수밖에 없는 이유가 다 있는데…

'현상을 바탕으로 원리를 짜맞추는 학문'이라는 특성이
시험 문제 출제 측면에서도 심각한 애로사항을 꽃피우기 때문이다.

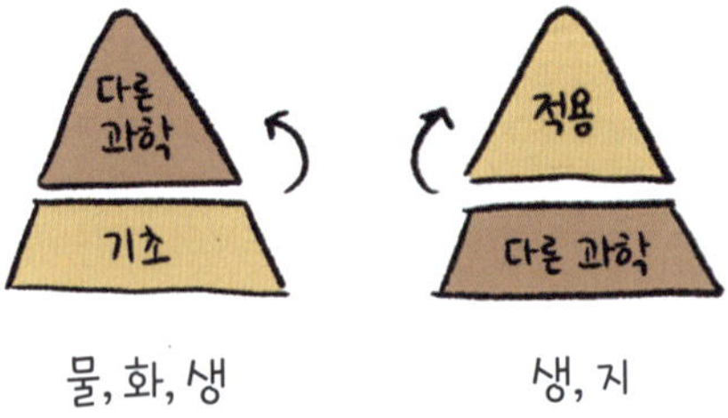

물리, 화학은 가상의 상황 설정이 비교적 자유로운 반면

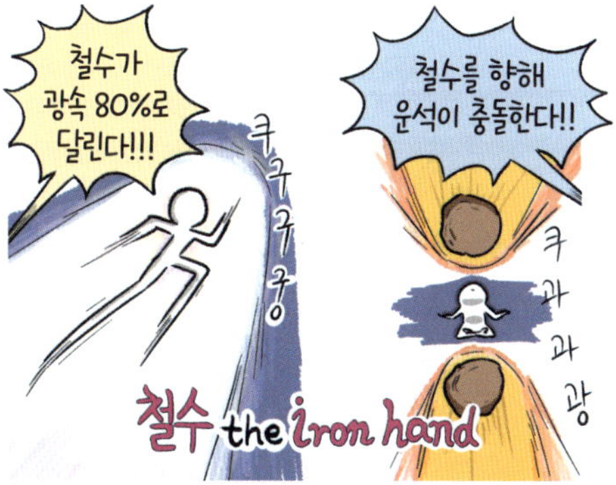
철수가 광속 80%로 달린다!!!
쿠구구궁
철수를 향해 운석이 충돌한다!!
콰과과광
철수 the iron hand

지구과학은 '지구'의 현상만을 다뤄야 해서 제약과 변수가 너무 많다.

새 지진 하나 만들어볼까?

가상의 상황을 설정하고 싶어도… 고려해야 할 변수가 워낙 많아서…

판 운동은?
지반 강도는?
반사는?
각거리는?
굴절은?
진폭은?
파장은?
수륙분포는?
으아아아아아

* 심지어 다 연결되어 있다.

결국엔 늘 쓰던 자료를 다시 쓰게 된다.

딱히 독창적이진 않지만
태클 걸릴 일도 없음
사골아 끓어라.
주르륵

참신한 문제가 나오기 힘들다 보니 어려운 문제를 내려면
교과서 한구석에 있는 잡지식까지 끌어다 써야 한다.

야! 너두 나오래!
응?
이런 요소들이 지학을 더욱 우스워 보이게 하죠…
잉

마지막으로, 물리와 화학은 원리 위주의 학문이라
모든 현상에 적용할 수 있는 반면

찰
칵
이 현상
물리
화학
찰
칵
물
화
저 현상
물
화
요 현상
찰칵

지구과학은 오직 '지구와 우주'에서의 현상만 다루기에,
범위가 한참 좁다.

#검색: #우주
#지구
봤던 글
옛날 글
아는 사람 글

아니, 어떤 면에서는 범위가 너무 넓어서 문제다.
연구하는 데 돈이 많이 들기 때문이다.

관측하려면 최소 인공위성…
원양어선…
GPS…

그런 주제에 결과는 10년 뒤에 나올지 100년 뒤에 나올지 알 수도 없다.
즉 가성비가 떨어진다.

로켓을 쏘았으니 10년쯤 뒤부터 정보가 전송될 것 같습니다.
그럼 우린 그동안 놀고먹어?
과학자
투자자

그래서 어지간히 돈이 많지 않은 이상
지구과학 분야는 연구 대상에서 제외되는 게 현실이다.

그럼 자연스레
학과도 사라지게
되죠…
대학
배치표

하여튼 이런 이유들로 인해
자연스럽게 지구과학 분야도 한정될 수밖에 없고…
관련 진로도 극히 희귀해진다.

지II?
안 받을게.
지학논술?
안 볼게.
관련 학과?
없을게.
대학
대학
좋은대학
책도
없을게.
ㅇㅇ
포기할게.
정보?
안 나올게.

(준비하는 건 더더욱 하늘의 별 따기…)

상황이 이렇다 보니 결국 취급도 박해진다.

현상 위주
암기
문제도
뻔하고
관련 진로도
얼마 없어…

우스갯소리로 주변 쌤들과 가끔 하는 말이

언제 없어질지
모르는 과목이니까
다른 과목 공부 좀
해두려고요^^

…긴 한데.

ㅎㅎㅎ…
(부정 못함)

물론, ♥까도 내가 깔 거^^♥

지구과학?
그거 고르고도
네가 이과냐?
지구과학은
교수들이
밥그릇 지키느라
남겨둔
학문임.
실제로 들은 말
어~
이과 해줄게~
어~ 밥그릇
평생 지킬게~

END

2

백두산 폭발하면 어떻게 되나요

몇 년 전 영화 〈백두산〉을 봤다.

백두산
지구과학 영화라
당장 극장 가서 봤었죠!!

실제로는 남북한 버디무비에 가까웠지만…

마블리가
지질학자로
나올 때만 해도
기대했는데
…
다모!
별다줄!

아니 근데…

적어도오오오오!!!
코… 콜프야!
인내심의 끈
뚝

아니 적어도
백두산의 특징이랑!
백두산이 터지면
뭐가 문제인지 정도는
으아
아악
지질학적으로 기깔나게
설명해줘야지!

성층 화산, 화산 쇄설물,
마그마 점성!
이런 거 다 폭발력에
영향을 미치잖아!

땅 속에 핵을 왜 쏴!
화산
자극할 일
있어???
아아악!!!

삐—

-잠시 방송 조정이 있겠습니다-

그러니까 방금 와다다 쏟아져나온 용어들이
전부 백두산 폭발과 관련이 있는데

성층 화산
화산 쇄설물
마그마 점성

어쨌든, 이 영화에서 다루는 백두산 폭발은
우리나라 사람들이라면 그냥 넘기기 힘든 주제다.

잊지 마라…
부글
부글
난 활화산…

실제로 백두산은 강력한 폭발을 일으킬 여지가 있는 화산이다.

부글
부글

먼저 백두산은 성층 화산,
즉 마그마의 점성(끈적한 성질)이 중간 정도인 화산이다.

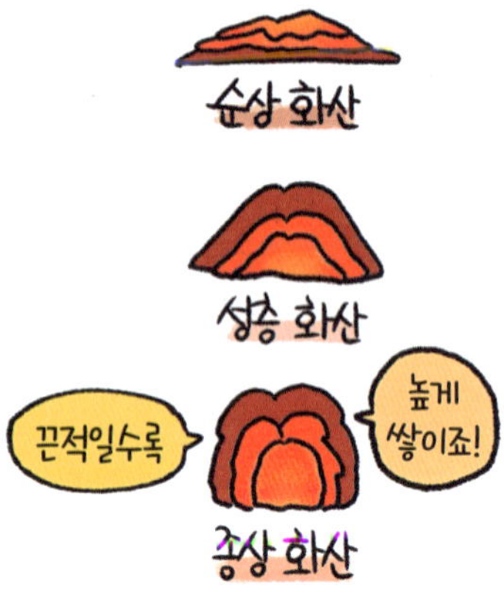
순상 화산
성층 화산
끈적일수록
높게 쌓이죠!
종상 화산

이런 화산은 가스 함량도 많아 보통 폭발력이 강하다.

큰일 볼 때도 가스가 많으면 폭발이…
그따위 비유 들지 마 !!!!!

또, 백두산은 천지에 고인 물 때문에
폭발 시 엄청나게 많은 양의 화산재가 발생한다.

물
천지→
용암
재
용암이라는 게 녹은 돌이니,
물에 닿아 급격히 식으면 작은 돌가루가 되겠죠!

무엇보다도 946년에 어마어마한 폭발을 일으킨 기록까지 있으니,
걱정이 안 될 수가 있나.

이 해 (946년) 천고 (하늘의 북소리)가 울리므로 사면령을 내렸다.
-고려사

근데…
영화만큼의 대규모 폭발과 지진이 일어날 거라고는?

[서울 초토화]
[팔당댐 와르르]
Hmm...

글쎄올시다…?

946년에 어마어마한 폭발이 일어났다는 걸 달리 말하면
그때 화산은 품고 있던 마그마를 다 쏟아냈다는 거다.

웨엑…
어우,
시원하다
…
으악

'1,000년이나 지났으니 다시 차지 않았을까요?' 라고 묻고 싶다면
시야를 좀 더 지구과학적으로 넓힐 필요가 있다.

지구 역사 46억 년
1,000년
이 정도야
지구 역사에
비하면 찰나인
것을…
이래서
지구과학도가
맘이 넓음
ㅇㅇ

'1925년에 기록이 있으니 100년 주기로 폭발하는 거 아니냐?'
이런 말도 있는데,

1925년?
아~ 그날은
여드름 터진
날이야!

폭발 규모가 굉장히 약소했을뿐더러 기록의 신빙성도 낮다.

또한 백두산의 마그마 방은 엄청난 두께의 순상지로 덮여 있다.

순상지 실드!
낑
낑
순상지는 '방패 모양의 땅'이라는 뜻이에요!

거기다가 마그마는 점성이 높으니
끈끈하게 뭉쳐 위로 잘 솟구쳐 오르지도 못한다.

폭발해봐!
폭발해봐!!
나… 한번
폭발하면 무서운
마그마야…!!!
끄응

이런 연유로 우리 세대에 백두산이 폭발할 가능성은
한없이 0에 수렴한다.

백두산
마그마 로딩 중……
홀홀, 아직도
로딩 중이구먼.

그런데 만에 하나, 정말 만에 하나 폭발하면 어떤 일이 일어날까?

IF
조금 극단적인
상황을
가정해볼까요?!

946년 폭발만큼의 큰 폭발이
다시 한번 백두산에서 일어난다면?

화산이 폭발할 때 인간에게 피해를 주는 요소는 크게 네 가지다.

용암,

화산 이류,

화산 쇄설물,

지진

용암이야, 백두산에서 터진 게 남한까지 날아올 지경이면
동아시아는 그냥 멸망할 것이고…

용암이
이 정도는
퍼져야겠쥬
?

화산 이류는 화산재가 수증기에 녹아 산사태처럼 쏟아져 내려오는 것인데, 끈적한 특성상 근처에밖에 피해를 못 준다.

그래도
엄청난 피해를 입히고,
피하기도
굉장히
어려워요.

화산 쇄설물은 화산에서 나오는 고체 물질로, 크기에 따라 여러 종류로 나뉘는데

화산재
화산력
화산 암괴

이 중 남한까지 날아올 가능성이 큰 건 역시 화산재다.

지진
얘기는
할 말이
많으니
화산재
얘기부터
해보죠.

일단 백두산은 용암이 끈적하고 천지에 물이 차 있기 때문에
용암보다는 재에 의한 피해가 클 것이다.

쇄설물
나 대신
세상을
파괴해줘…
간드아아앗!!
끈적
끈적

그래서 이왕 폭발할 거면 차라리 여름에 폭발하는 게 낫다.

왜요?
?
이왕 더운 거
아예 불타서
죽자고?

계절풍의 영향으로 여름에 폭발하면 화산재가 북쪽으로,
겨울에 폭발하면 남쪽으로 퍼질 가능성이 높기 때문.

계절풍
계절풍
켈룩!
여름
겨울

뭐 어차피 우리나라는 기본적으로 편서풍 지대인 만큼,

장풍!
편
으에에

화산재는 남한보다 동해 쪽으로 빠질 가능성이 높다.

굳이 피해라고 한다면 여름에 터지든 겨울에 터지든

자욱—
여길 어떻게
뚫고 가!!

일단 동아시아 부근 항로는
마비 확정이라는 것쯤?

지진의 경우, 백두산은 화산 가스가 많아 화끈하게 터지겠지만…

나의
폭발력!
천하를
뒤흔든다!!!
쿠르릉

그렇다고 해서 서울 건물이 무너질 정도의 지진이 일어날 리는 없다.

...

영화에서는 고층 건물이 무너지고
팔당댐도 와르르 무너지는데…

946년 기록을 보면
서울보다 북쪽인
개성에서도
지진의 기록은 없어요.

백두산부터 서울까지는 약 500km,
서울에서 제주도까지의 거리보다 멀다.

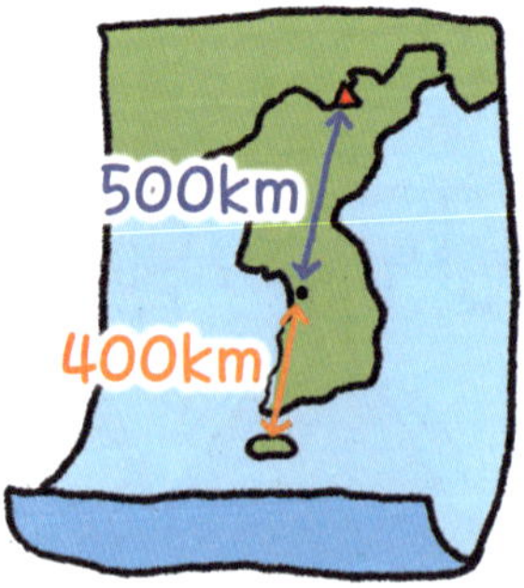
500km
400km

설령 백두산 때문에 규모 10.0의 대지진이 일어나더라도 서울에 있는 건물은 10cm 정도만 흔들릴 뿐이다.

으아아!!
크르릉
10cm
애개?
규모 10
서울

흔들림 정도는 거리에 따라 지수 함수적으로 감소하거든요!

요렇게

애초에 화산 활동으로 그 정도 규모의 지진이 일어나는 것도 말이 안 된다.

규모 10 지진? 네가? ㅋ
날 흔들려면 그 정도론 어림없어 ㅋ
최소 지층 하난 끊어져야지
크윽…

뭐, 백두산이 반쯤 붕괴되는 대폭발이면 모르겠지만,
일단 그때까지 여러분이 살아 있을 가능성은 확실히 없다.

두고 보라우!
내 어마어마함을 보여줄 테니!
헛둘
셋둘
...

하여튼 생각보다 걱정할 필요는 없으니,
영화는 영화로만 보고 넘기는 게 좋을 것 같다.

아닌데 아닌데! 나 무서운데!!
백두산
느긋-

END

3

쓰나미에서 살아남기

만약 원양어선을 타고 있던 도중
쓰나미가 온다는 경보를 받는다면,

쓰나미다!
어이, 콜 씨! 쓰나미 온대!
이미 일이 쓰나민데 뭔ㅠㅠ

여러분은 당장 항구로 배를 돌릴 것인가,

으악, 피하자!
IC… 그래서 새우 안 잡을 거야?
죄송합니다 ㅠㅠ

어선이 침몰하더라도 여기 남아 한 마리의 새우를 더 잡을 것인가?

항구로 배를 돌린 당신,
☠ 당신은 죽었습니다. ☠

악덕 사장 승!
다~ 내가 뜻이 있고 생각이 있어서~

쓰나미는 먼 바다보다 항구에서 훨씬 세지거든요.

뜬금없이 쓰나미 퀴즈를 내는 이유는… 콘텐츠 욕심에 그만…
'그 영화'를 봐버렸기 때문이다.

해운대
내가…
욕심에 그만…

워낙 유명한 영화인 만큼 소개나 감상은 따로 안 하려고 한다.

전공자로서 고통받은 장면은 한두 개가 아니지만…

〈어항 물 손날치기〉

이렇게 충격으로 물이 넘친다고요!
청벙
아오! 쓰나미 그거 아니라고!
칠거면 밑에서 쳐!!

〈이도류 파도〉

…
지적할 힘도 X ⇨

그중 이번 화에서 이야기해볼 것은

고오오오

전공자의 심금을 울리는 바로 이 장면이다.

...?

지학 고증
사수하라!
지학지켜
사수하라
!!!

쓰나미. 항구(쓰)의 파도(나미)라는 뜻이다.

津波
tsu
nami
의외로 이름에 포스는 없네?
한번 맞아보면 그런 소리 안 나올걸 ?!

결국 쓰나미는 파도의 일종인데,
그중에서도 지진에 의해 엄청난 에너지를 가진 파도라 생각하면 된다.

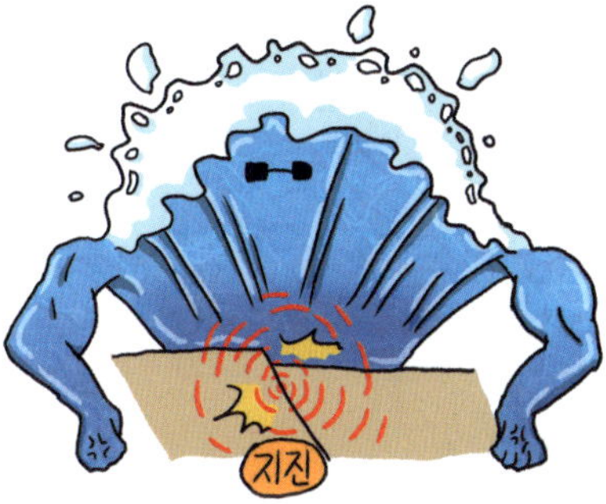
지진

그런데 이 엄청난 에너지가 먼 바다에서는 잘 느껴지지 않는다.

고
오
오

쓰나미의 에너지가 속도에 몰빵되어 있기 때문이다.

내게
필요한 건
오직
SPEED!

문제는 해안가에 가까워질 때다.

속도를
희생하고
높이를
얻는다!

이때부터는 속도가 느려지는 대신
그 에너지가 파도의 높이를 키우기 시작한다.

좀 더 자세히 고등학교 지구과학을 끼얹어서 설명해보자.

입 벌려~
지구과학 들어간다!
아아아아~
싫어 싫어!
맛없어 보여ㅠ
삐약
삐약
비행기다
비행기~

아까 말했듯 쓰나미는 파도의 일종, 파도는 물 입자의 운동이다.

좀 거센 운동이긴
하지마아아안!!!

해안가가 가까워질수록 수심은 얕아지고,

먼 바다
해안
수심
수심

수심이 얕아진다는 것은
곧 해수면과 바닥이 가까워진다는 뜻이다.

여기서 정말 어려운 퀴즈.
물이 거칠까, 바닥이 거칠까?

정답!
물이요!!
넌 샤워할
때마다
온몸 갈리니?

당연히 바닥이 거칠다.

그렇기 때문에 쓰나미는 바닥으로부터 마찰을 받는다.

아아… 당신의 거친 마음…
난 견딜 수가 없어…
마찰

이 마찰은 쓰나미의 운동을 방해하는데…

히히히, 못 가!
마찰

바닥이 가까워질수록 마찰은 더욱 커지고…

이 정도는 뭐…
끄앙
깊
얕

마찰이 커지면 쓰나미의 속도는 더욱 느려진다.

으윽…
시속 800km에
달하던…
나의 속도가…!
마찰

느려지면 오히려 약해지는 거 아니냐고?
그 반대다.

말했잖나.
스피드 대신…
「위력」을
얻었다고.

해안가로 갈수록 앞서가던 파도의 속력은
뒤의 파도보다 더 느려지기 때문에…

어어어어어!!!
왜 그래!
왜! 왜!!
콰
조금
느려짐
많이
느려짐

뒤따라오던 파도가 앞 파도와 겹치면서

surf를 타는게
Surfing!!!
빠름
느림
으아아악!!!
덮친다아악!!!!
실제로 이런 형태의
파도를 연안 쇄파
(surf)라 불러요.

파도는 급격하게 높아지고
갈고리 모양으로 해안가를 덮친다.

정리하자면—
많이 느려진 앞의 파도와,
느려진 중간 파도와,
조금 느려진 뒤의 파도가 겹쳐지면서

어마어마한 높이의 쓰나미가
완성되는 것이다.

즉 우리가 아는 그 무시무시한 쓰나미는
해안에 가까워질 때 파도가 쌓이며 생겨나고,

이번 건 좀 신나겠는걸?
콰르릉
꺄악!!

먼 바다에서는 바로 밑에서 쓰나미가 지나가도
모를 수밖에 없는 것인데…

고—요
어이, 콜 씨! 쓰나미고 뭐고 새우나 낚으라고!
네, 선장님ㅠ
쓰나미

이 영화는 먼 바다부터 엄청난 쓰나미가 덮쳐드는 장면으로

고오오오
다들 지구과학ㅍ도 안 배웠나?!
뚝
인내심

배웠겠니...
긁적

지구과학도의 인내심을 시원하게 무너뜨렸다.

그렇다고 뭐 원양어선으로 대피할 필요는 없고…

쓰나미가
온다!!!
빨리
원양어선으로
대피해!!
…

근처의 5층 이상 콘크리트 건물 옥상이
가장 안전하다 보면 된다.

-결론-
지구과학은 나의 소중한 목숨을 지켜주는 학문이다.

들었지? 지구과학
배울래? 죽을래?
배…
배울래요…

그러니 츄라이 츄라이

END

4

절대 지질하지 않은 지질학

지구과학 덕후는 크게 둘로 나뉜다. 돌덕과 별덕.

산으로! 동굴로!
망원경! 천문대!

그런데 아이러니하게도
학생들이 지구과학을 포기하게 만드는 원인 또한 돌과 별이다.

으악, 돌 이름 폭탄!
시계 방향… 동쪽… 서쪽… 몇 시에 뜨고 지고…

이번 화에선 돌덕들이 환장하는 지질학이란 게 대체 무엇인지,

여어~
돌덕. 주로 산에서 발견.

대체 무슨 생각으로 지질학을 연구하는 건지 알아보도록 하자.

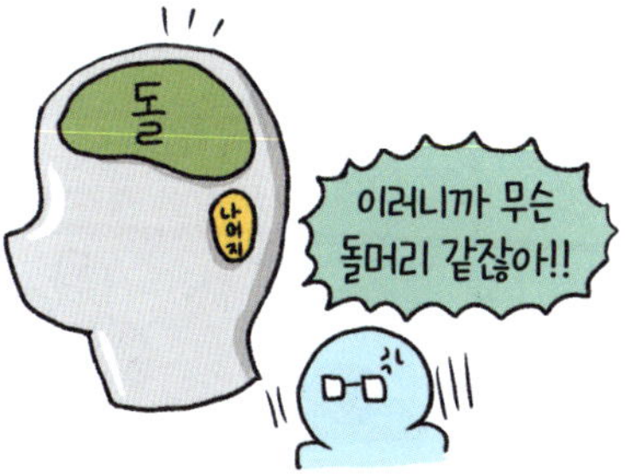
돌
나머지
이러니까 무슨 돌머리 같잖아!!

지질학이란?

(세게 발음하면 안 됨.)

땅 지
바탕 질
'지질 地質'
이런 지질한 녀석…
크흑

땅의 성질을 연구하는 학문이다.

땅은 무엇으로 구성되어 있는가?

여러 가지가 있지만…

오래오래
자갈자갈

결국 근본은 '돌', 즉 암석이다.

그러니까 지질학은 땅(=암석)을 연구하는 학문이라 하겠는데,

안타깝게도 대다수 사람들의 기억 속에는
돌 이름이나 외우는 극혐 학문으로 남아 있을 것이다.

물론 이건 일반인 입장에서의 얘기고,
전공 수준으로 넘어가면…

'지구화학'이라는 아주 개극혐 학문으로 진화한다.

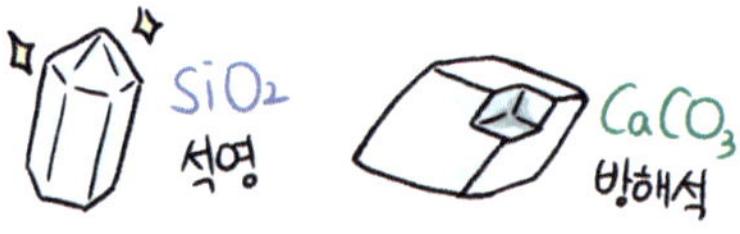

애네 정도는 귀엽고…

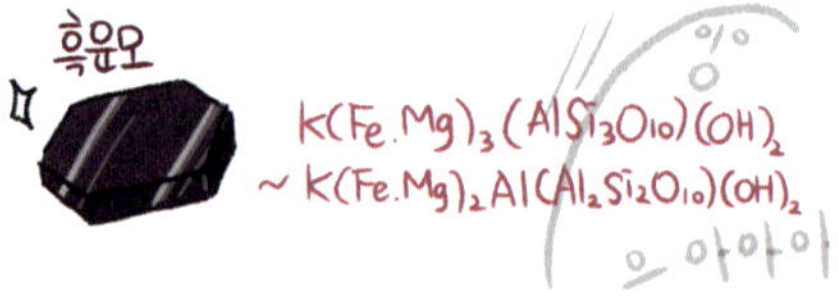

암석도 결국 광물이라는 화학 결정의 혼합체다 보니,
깊이 들어갈수록 화학으로 넘어가는 것.

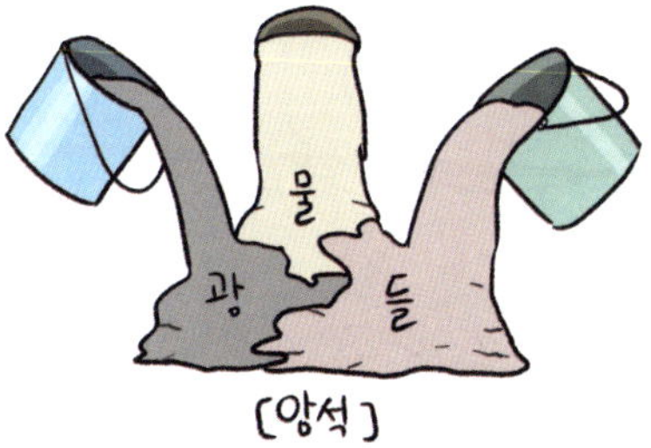
물
광
들
[암석]

각설하고, 그럼 이제 암석에는 어떤 것들이 있는가?

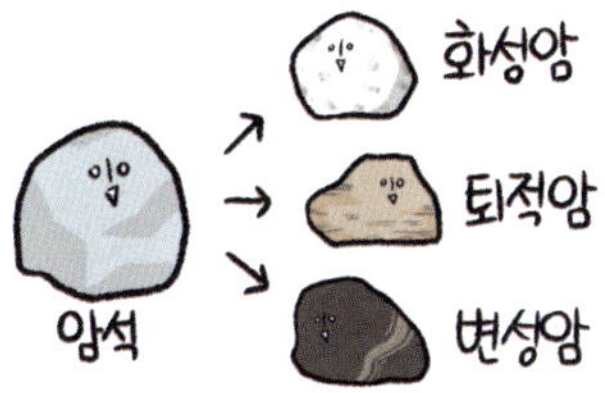
화성암
퇴적암
변성암
암석

우리가 지겹도록 외운 그 세 가지 분류다.

이들은 어쩌다 이렇게 나뉘게 되었을까?
바로 '어떻게 생성되었는가'에 주목한 결과다.

먼저 마그마나 용암이 굳어진 화성암,

난 아예 탈출!!!
으아아 불타오른다!!
화르륵
푸쉬식
한때 뜨거웠던 자들의 흔적

풍화된 암석 가루가 쌓여 만들어진 퇴적암,

아들아…
못난 아버지는
떠난다만…
크흑

내 흔적은 다시
태어날 거란다…
아버지!!!
삼각김밥
아님

기존의 암석이 열과 압력을 받아 성질이 변한 변성암이 있다.

너… 지하에
취직했다더니
열 많이
받았구나…
예전
모습
어…
압력도
장난 아냐
…

이 이야기가 꼭 필요했던 이유는…

학교에서 맨날
듣던 얘기!!!
우
우
우
그 손
멈추시오!

지질학이란 결국 돌의 일생,
크게 보면 지구라는 살아 있는 돌의 일생에 대한 학문이라는 걸
알려주고 싶었기 때문이다.

들리니…?
내 심장 소리…♥
지질학자

여튼 이 세 가지 분류를 보면 한 가지 특징을 알 수 있는데,

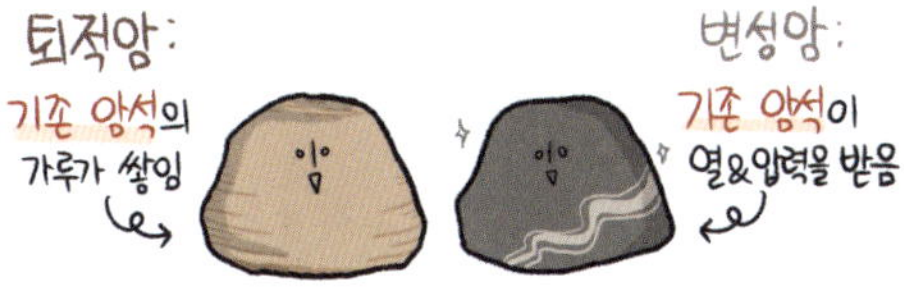
퇴적암:
기존 암석의
가루가 쌓임
변성암:
기존 암석이
열&압력을 받음

화성암과 달리 퇴적암과 변성암은
'기존의 암석'으로부터 만들어졌다는 사실이다.

그렇다면 화성암만이 지구의 근-본 암석이라 할 수 있는 거냐?

우리는 마그마 출신 정통 뼈다구!
느그들은 찌꺼기 출신 개뼉다구!
우우우
니들은 풍화, 변성 안 될 줄 아나봐?
ㅂㄷㅂㄷ
사암임 (감자X)

…퇴적암과 변성암에겐 미안하지만 틀린 말은 아니다.

ㅂㄷㅂㄷ

지구의 모든 암석은 결국 마그마로부터 출발했으니까.

그나저나 마그마가 대체 뭐길래?

우리 지구는 겉에서 보기엔 적당한 온도의 푸른 행성이지만…

내면에는 무려 5,000℃에 달하는 열을 품고 있는데,

나도 알고 보면 내면이 뜨거운 사람… 아니 행성이라구!

이 열로 인해 '녹은 암석'이 바로 마그마가 된다.

그럼 누가 지구의 마음속을 이렇게 뜨겁게 달궈놓은 걸까?

나겠지?
아니야, 나일 거야!

태양 에너지? 달과의 인력? 방사성 동위원소 붕괴열?

놀랍게도, 지구가 품고 있는 내부 에너지의 대부분은
지구가 태어난 그 순간부터 갖고 있었던 열에너지다.

짠! 둘 다 아니었답니다!
뭐엇!
본투비 열정맨
너무해… 너만 바라봤는데 …

지구가 처음부터 푸른 행성이었던 것은 아니다.

응애
지구 (1개월)
나도 이런 시절이 있었지…

갓 태어난 지구는 엄청나게 뜨거운 불덩어리,

'마그마의 바다' 상태였다.

지구는 왜 이렇게 뜨겁게 태어났을까?

우주의 먼지들아!
나에게 힘을 줘!!

그것은 지구가 수많은 먼지들,

어려운 말로 '미행성'들의 충돌로 생겨났기 때문이다.

박수를 치면 칠수록 손이 뜨거워지듯이

쿠과광

미행성들이 충돌하면 충돌할수록 지구는 점점 뜨겁게 자라났다.

이 미행성 충돌은 태양계가 생겨날 때 곳곳에서 동시에 일어났는데…

얘… 얘들아…
멈춰…
저기도
쾅
여기도
쾅
콰광

이 과정에서 금성, 화성, 토성 등의 행성들이 동시에 태어났고…

☆쌍둥이 클럽☆

태양계의 수많은 작은 천체들, 명왕성 같은 왜행성, 달과 같은 위성,

아…
옛날이여ㅠ
ㅋㅋㅋ넌
왜 행성?
우리도
껴줘잉!
명왕성
(왜행성)
혜성
달(위성)

혜성, 소행성, 심지어 운석까지
이 미행성 충돌을 통해 쫌쫌따리 생겨났다.

이 중 암석으로 된 건 모두 한때 불타오르는 마그마의 바다였지만,

으아아아 불타오르리!!!!
나도!

…라고 하기엔 너무 작은 열정이었다.

푸
쉬
식
에라 모르겠다

대부분의 작은 천체들은 이제 속까지 전부 식어버린 상태다.

수성, 화성, 달까지 모두 이미 식어버렸으며,
그보다 더 작은 혜성과 소행성들은 말할 것도 없다.

그러나 우리 지구는 충분히 컸던 덕분에 아직까지는 겉바속촉,

다 식었네? 한 입 해볼까?
잡숴봐~
으엑, 뜨거!
힝, 속았지ㅋ

즉 겉만 식었지 속은 뜨거운 찐빵 같은 상태다.

지구 찐빵 속의 앙꼬인 마그마는 아직 뜨겁게 움직이는 상태이며
그 덕분에 지금도 새로운 지각이 생겨나고,

응애

어딘가에선 늙은 지각이 다시 지하로 돌아간다.

빠잉…
잘 있어…
나는 갈게…

지구는 새로운 산과 계곡을 끊임없이 만들어내는,
살아 있는 행성이다.

습곡산맥
해령
응애
잘 있어…
나는 갈게…
호상열도
해구

이 모든 과정과 원리를 집대성한 게
학교 다닐 동안 지겹도록 배우는 판 구조론이다.

이렇듯 지구의 모든 암석은
살아 있는 지구의 끓는 피인 마그마로부터 출발했지만,

암석

세상 밖으로 나온 암석은 바람과 물에 깎여 흙으로 돌아가고,

바람에
몸을 맡기고
노래합시다…
바윗돌 깨뜨려 돌덩이—
돌덩이 깨뜨려 돌멩이—

그 흙은 어딘가에서 다시 쌓여 지구의 역사를 기록하고,

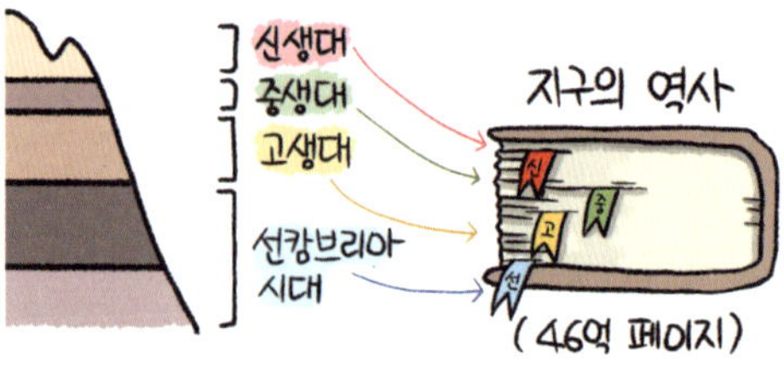
신생대
중생대
고생대
선캄브리아
시대
지구의 역사
(46억 페이지)

어떤 돌은 지하 깊은 곳으로 들어가 오랜 열과 압력을 견딘 뒤,

크흑… 넘모 힘들어여…
니가 선택한 변성,
악으로 깡으로 버텨라.

더 강하고 단단한, 보석과 자원이 되어 누군가의 선물이 되기도 한다.

금강석 (다이아)
강옥 (루비. 사파이어)
석탄
(식물 출신이긴 하지만…)

그리고 태양계의 모든 구성원이 동시에 같은 재료로 만들어졌다는 건

http://shop. solarsystem kr
태양계 케이크 SHOP
지구 8.000₩
금성 6.000₩
화성 5.500₩
REVIEW
co***
겉에만 다르지 안은 다 비슷… 같은 재료 돌려썼나봄
주인 답변 어떻게 아심? ㄷㄷ

지구 내부를 연구하는 것만으로도 다른 행성을 알 수 있다는 뜻이다.

이처럼 정말 많은 것들을 알려주는 지질학이지만,

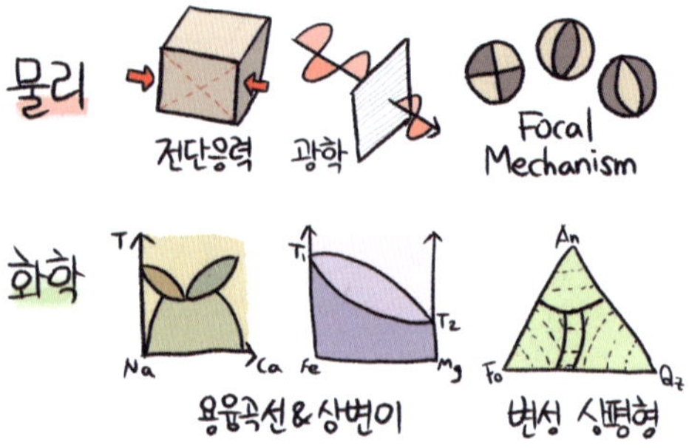

물리
전단응력
광학
Focal Mechanism
화학
T
Na
Ca
T1
Fe
T2
Mg
용융곡선&상변이
An
Fo
Qz
변성 상평형

생물은?
화석은 누가 남긴 돌이게?

이들의 원리를 제대로 이해하려면
물리학, 화학, 심지어 생물학 지식까지 필요하기 때문에…

고등학교 수준의 지구과학은 그저 돌 이름이나 외우는
극혐 학문이 될 수밖에 없다.

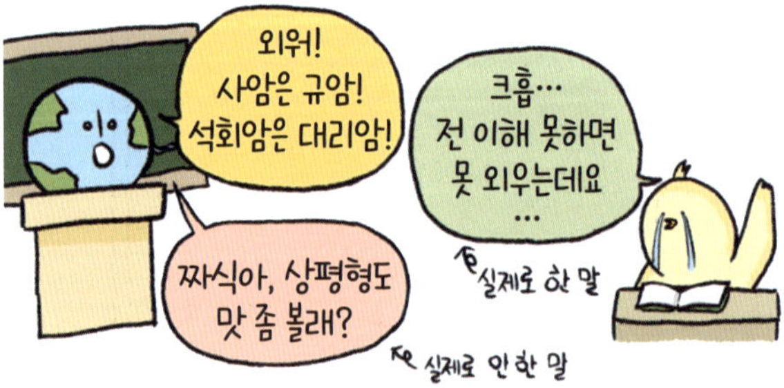

외워! 사암은 규암! 석회암은 대리암!
짜식아, 상평형도 맛 좀 볼래?
실제로 안 한 말
크흡… 전 이해 못하면 못 외우는데요 …
실제로 한 말

(사실 나도 이거 그리려고 까먹은 전공책 다시 펼쳤음.)

그러나 지질학을 제대로 배우고 나면,
그리고 그 의미를 제대로 느끼고 나면,

으-디
나를 발로 차고!
몇 살이야?!
라떼는
말이야!!
1억 살 밑으로는
고개도 못 들고
다녔어!
죄송합니다 돌님....

길가에 굴러다니는 돌조차
지하 안팎을 오가며 엄청난 시간을 견뎌온
그레이트 슈퍼 짬킹 선배님이라는 사실을 느끼게 될 것이다.

END

번외. 공룡 덕후는 살아 있다

지질학을 가르치다 보면 지질시대가 딸려오는데
이게 또 은근히 비중이 크다.

자!
이제 중생대의
대표 화석을
배울 거예요~
어릴 때 공룡, 로봇, 자동차
셋 중 하나는 덕질해봤죠?
네~
그런데
사실
공룡에는!
?
짜잔! 깃털이
달려 있었다고
해요!
꼭 닭
같죠?

저기…
선생님.
어, 무슨
일이니?
깃털은 소형 공룡에
한해서 존재했고,
티라노 같은
대형 공룡에는
없었다고 합니다.
미… 미안…

반전:
최근 연구에 따르면
대형 공룡에도 깃털의 흔적이 있다고 합니다.

5

지구과학 리즈 시절, 판 구조론 (1)

인정하기 싫지만 지구과학은 돈이 안 된다.

새로운 기계!
새로운 소재!
새로운 치료법!
물리
화학
생물
지학
나 이거 발견했어…
와
와

그런 주제에 연구하려면 돈이 제일 많이 든다.

저 바다 연구하고 싶은데 태평양 횡단비 좀…
꺼지세요.
지학
삐-
투자자

덕분에 언제나 연구 후순위로 밀리는 학문이지만,

줄을 서세요!
줄을!
물리
화학
생물
지학
와글
와글

역사상 유례없이 온 세계가 지구과학에 열을 올리던 때가 있었으니…

야! 너 할 일 생겼어!
정말?
지학

바로 제2차 세계대전 때다.

WORLD
WAR II

긍정적이든 부정적이든
전쟁은 인류 역사상 과학 발전에 지대한 영향을 끼쳐왔다.

어떻게 하면 저놈을
더 효과적으로 조질 수 있을까?
깡
깡
VS
쓱
쓱

그동안의 전쟁이 파괴력, 방어력, 운송 수단 등에 초점을 맞춰왔다면…

더 큰
파괴!!!
더 막강한
방어!

무기의 스케일이 커진 세계대전에서는
지구를 잘 알아야만 쓸 수 있는 무기가 하나 등장했으니…

전 세계 지구잘알들아, 나에게 힘을 줘!

잠수함이 바로 그 주인공.

두
둥
너무 귀엽게 그렸나?

잠수함을 굴리기 위해서는
이전까진 몰랐던 정보를 꼼꼼히 알아내야 했는데…

여기는 내비 없나요?
장난해?

바로 '해저 지형'이었다.

두둥
으악!!!
그니까 제가 내비 없냐고 했잖아요!!!

뿐만 아니라 적국의 잠수함 위치를 파악하기 위해서도
정밀한 해저 탐사는 매우 중요했다.

벌떡
저놈들 물밑에서 뭐 하는지 낱낱이 알아내!

그야말로 지구과학자들의 불타는 탐구심에 기름을 붓는 상황이었다.

어멋! 탐사 기회…
지구 과학 자
돈은 얼마든지 줄 테니, 어서!

각국은 전쟁용 선박들에 'SONAR'라는 음향 측심기를 탑재해
온 바다를 누비며 바닷속 지형을 탐색했다.

여기는 초음파가
빨리 돌아오는군!
얕은 바다야!
아직 안 돌아오지?
엄청 깊은가보네?
초음파~
여우 시끄러
초음파아앗

그중 대표 주자는 USS Cape Johnson호의 선장이었던
해리 헤스였으니…

헤스! 일본
이오지마로 가라!
뭐…
뭐라고?
헤스

미국에서 필리핀, 마리아나, 이오지마에 이르기까지
북태평양 전역의 음향 측심 자료를 모두 수집했기 때문.

미국
이오지마
USS C.J.
태평양
이…
이 자료가
헤스
다
내 거…!

이 탐사를 통해 헤스는 '기요'라는,
윗면이 평평한 해저산의 존재를 여럿 발견했는데,

흑흑… 자라나라
머리머리…
일반 해저산
기요

언뜻 보면 별일 아닌 것 같아도
이 발견은 훗날 어마어마한 이론의 시초가 되어주었으니…

기요

바로 지질학계 궁극의 이론, 판 구조론이다.

판구조론
두
둥

판 구조론의 출발점은 결국
'산과 바다가 어떻게 생겨났는가?'라는 질문이다.

아…
아름다워…
아… 어떻게
생겨났을까?
문과
이과

이때 학계의 정설은 대륙 고정설의 한 갈래인
지구 수축설 또는 팽창설이었는데…

일단 저 거대한 땅이
움직인다고는 생각도
못했었죠… 당연히…

지구가 수축, 팽창하면서
산맥 또는 푹 파인 지형이 발생했다는 이론이었다.

수축
→ 산맥 형성
팽창

지구 수축과 팽창이라니 말도 안 되게 들리겠지만
놀랍게도 60년 전까지만 해도 학계의 점심 아니 정설이었다.

지구과학이 생각보다 최신 과학이라구요!
교과서도 절찬리에 업데이트 중!

그런데 여기에 작은 돌을 던진 학자가 있었으니…

대륙이 펴지거나 접히기만 한다고?
아닌데? 이동도 하는 것 같은데?
첨
벙
대륙
고정설

바로 대륙 이동설을 주장한 알프레트 베게너였다.

이거 봐요! 아프리카랑 남아메리카랑 딱 맞죠!!
얘네 원래 하나였다니까 !!!
남아
베게너
아프

그러나 당시 그의 이론은 학계의 인정을 받지 못했는데…

외 면
베게너
오늘 점심 뭐야?

대체 무슨 원동력으로 대륙이 움직이는지 설명을 못한 탓도 있지만…

베게너
관심 좀 주세요!!
그래서 대륙이 어떻게 움직이는데?
과 학 자
베게너
…

베게너의 본업이 지질학자가 아닌 기상학자였던 것도
무시 못할 이유였을 것이다.

뿌애앵ㅠㅠ
거봐. 기상학자 주제에 무슨 ㅡㅗㅡ
수군
수군
과 학 자

이 때문에 베게너는 자신의 이론을 증명하러 북극에 갔다가
불귀의 객이 된 채 잊히고 말았다.

크윽… 나는 죽지만…
나의 이론은 교과서 속에 살아 숨쉬리…

헤스 또한 대륙 고정론자였지만…

대륙 이동 같은 소리 하네!
헤스
우리 집도 100만 년 뒤면 강남으로 이사 가 있게?
꿈차 꿈차
대륙임 (아님)

제2차 세계대전 중 지형 자료를 수집하면서
그의 생각은 조금씩 조금씩 바뀐다.

Hmm… 어쩌면 이 땅…
헤스
움직였을지도 …?

첫째, 앞에서 말했듯 그는 수십 개의 기요를 발견했다.

오메, 바다도 사춘긴가벼~
오돌
토돌

기요의 윗부분은 물 밖에서 침식된 것이 분명했으나,
그러기엔 너무 깊은 곳에 있었다.

물 밖에서 침식된 후
2km 다이빙?
헤스
이건 말도 안 되는 거고!

둘째, 그는 해양 바닥의 나이가 지구의 나이에 비해
지나치게 젊다는 사실을 알아차렸다.

음… 2억 년밖에 안 된 먼지군!
뉴비
뉴비
폴
폴

이때 해양 바닥의 먼지란
바로 해저에 사뿐히 가라앉은 퇴적물을 의미한다.

퇴
퇴
퇴적물

셋째, 그는 해양 바닥에서 뿜어져 나오는 열의 양이
지형마다 다르다는 사실을 깨달았다.

산맥에선 많고
계곡에선 적네?
헤스
으르릉
추
욱

퍼즐 조각 같은 발견들에 접착제 역할을 해준 것은
바로 대서양 중앙 해령이었다.

대서양 중앙 해령
헤스

이는 전쟁 중 수집한 자료로 지도를 그리던
마리 타프라는 지질학자가 발견한 지형으로…

어?!
타프

대서양의 중앙을 가로지르는 거대한 산맥이었으며,

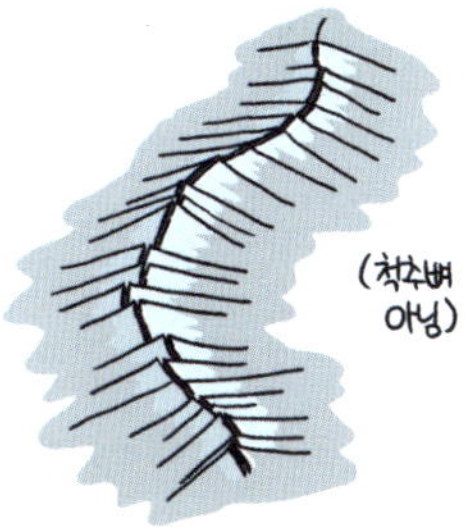
(척추뼈
아님)

가운데가 움푹 파인 V자 모양의 계곡을 가지고 있었다.

타프는 지도교수 브루스 히젠에게
이것이 대륙이 찢겨나간 흔적이 아닌지 조심스레 물었다.

…
타프
히젠

대륙 고정설을 주장하던 히젠은 대수롭지 않게 여겼지만…

긁적
히젠
뭔 소녀 같은 생각을… ㅋ
실제로 한 말

그의 생각은 해저 지진의 발생지를 찍어보는 과정에서
완전히 뒤바뀐다.

히젠
흐음…
어딘지 한번 볼까?

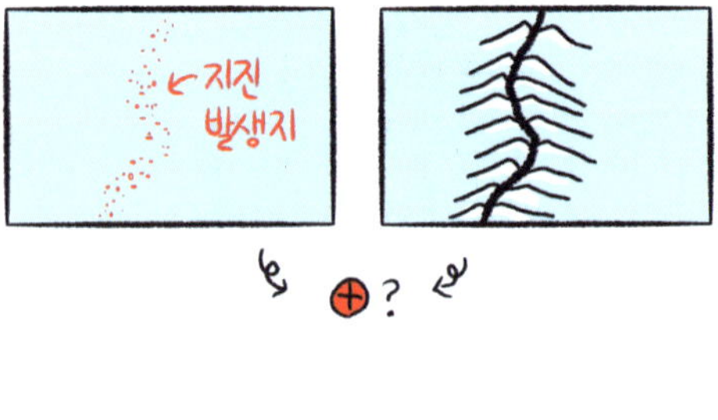
지진
발생지
?

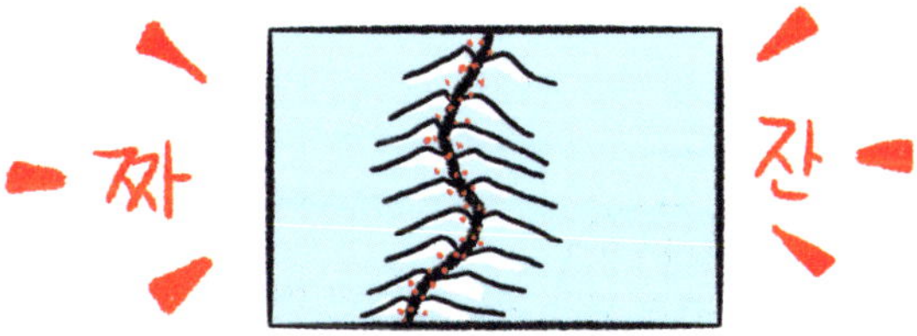
짜
잔

바로 V자 계곡 위에서 지진이 활발히 발생한다는 사실을 발견했기 때문이다.

지진
히젠
여기서 지진이 일어난다는 건… 진짜 땅이 찢어지고 있는 건가!

타프와 히젠은 이 거대한 산맥을 '대서양 중앙 해령', 중앙의 계곡을 'V자 열곡'이라 이름 붙였다.

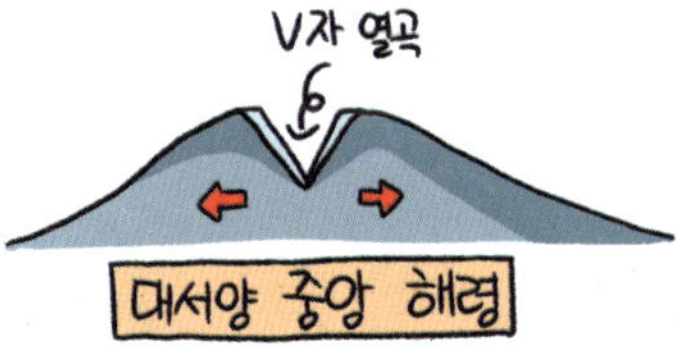
V자 열곡
대서양 중앙 해령

열곡이란 '찢어진 계곡'을 뜻해요!

헤스는 이 거대한 해령에 주목하고,
자신이 발견한 자료와 대조해보았는데…

후배들이 재밌는 거 발견했네?
어디… 내 자료랑 같이 보면 …?!
헤스
타프 히젠
헤스거

대서양 중앙 해령이 있는 곳은
다른 곳보다 뿜어내는 열의 양이 많았으며,

크아아아!!! 화가 난다!!!
쟤 왜 저래?
몰라… 맨날 저래.
쑥떡
쑥떡쿵

그곳에 쌓여 있는 먼지의 나이는
중앙에서 가장 적고 가장자리로 갈수록 많아지는 특징을 보였다.

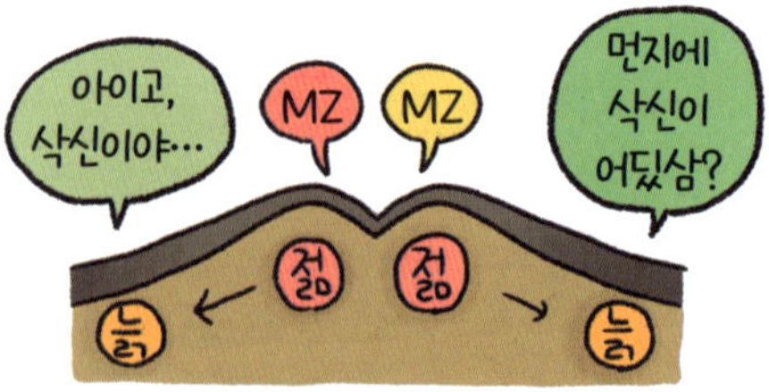
아이고, 삭신이야…
MZ
MZ
먼지에 삭신이 어딨삼?
젊
젊
늙
늙

마침내 헤스의 머릿속에서 퍼즐이 맞춰졌다.

헤스
혹시 가운데에서
해양 지각이
새로 생성되고…
응애

헤스
옆으로 퍼지고
있는 건 아닐까?
슈
웅

헤스는 이 발견에 크나큰 감명을 받았고

젊은이!
자네는 지질학의
기초를 뒤흔들었네
!!!!!!!!!
오구오구
헤스
이젠
나는?
타프
실제로 한 말

여기에 일본과 미국의 두 지진학자가 발견한 자료가 더해지면서
헤스의 해저 확장설이 완성되는데…

해저확장설
해령
해구

END

6

지구과학 리즈 시절, 판 구조론 (2)

1934년, 일본의 지진학자 와다치 기요오는
무척 흥미로운 논문을 발표했다.

와다치
다치짱 논문
지진 하면 또
우리 일본이
빠질 수 없다능!

일본의 지진을 조사한 결과
해구가 있는 태평양 쪽에서는 얕은 지진이,
동해로 갈수록 깊은 지진이 일어난다는 것이었다.

동해
얕은 지진
깊은 지진

땅을 파보지 않고도 해구의 내부 구조를 알 수 있다는 점에서
이 논문은 가치 있었지만,

해구 니 어떻게
생겼는지 함 보자!
다메요!
지진 기록
보라데스요~
와다치
으아아! 넌 몸속이 궁금하면
무조건 칼부터 들이대니?

그의 논문은 일본어로 쓰였기 때문에
조용히 묻히고 마는데…

논문데스요~
와다치
읽어줘
오네가이시마스
~

What?
과
학
자

그로부터 20년 후 거의 똑같은 내용의 논문을
미국의 지진학자 휴고 베니오프가 내놓으면서,

It's
my 논문~
베니오프
Plz
읽어줘
my 논문!

YEAH!!
Let's
Go!
과
학
자

* 심지어 같은 일본의 지진을 조사한 논문이었다.

이 지진대에는 베니오프대라는 이름이 붙는다.

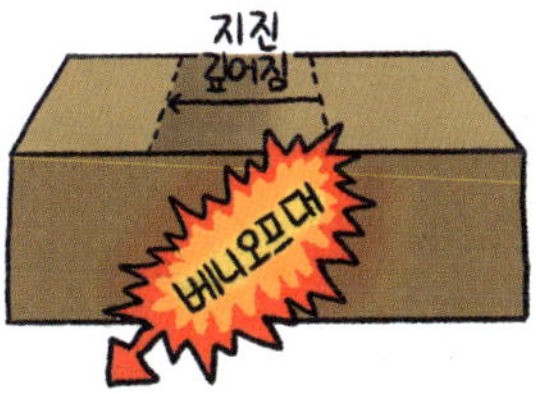
지진
깊어짐
베니오프대

일본 입장에서는 당연히 기가 막힌 상황.

아니, 지들이 우리 논문 안 읽어놓고…
꼬우면 영어 배우라는 거야 뭐야?

논문 쓰고 싶어?
씨몬! 영어를 배우십시오, 휴먼.

결국 이 지진대의 이름은 중립적인 '섭입대'로 정해졌고…

와다치대!
베니오프대!
와다치-베니오프대!
베니오프-와다치대!
시끄러워! 그냥 섭입대라 해!!!

어쨌든 이 섭입대는 해구 근처에서 땅이 밑으로 빨려 들어간다는 중요한 증거가 되어주었다.

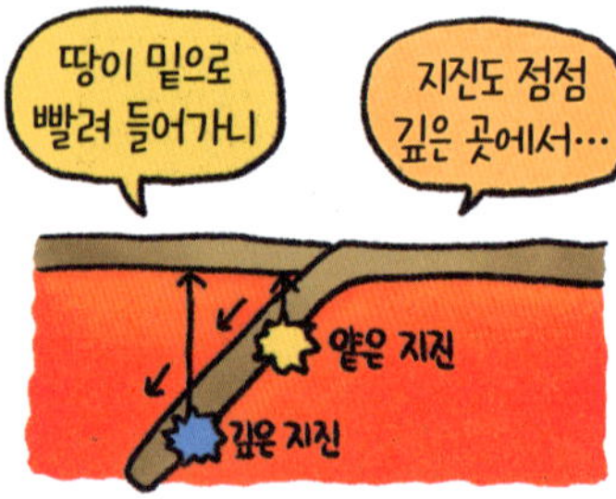
땅이 밑으로 빨려 들어가니
지진도 점점 깊은 곳에서…
얕은 지진
깊은 지진

마침내 헤스의 머릿속에서는
해양 지각의 생성과 소멸에 대한 모든 퍼즐이 끼워 맞춰졌고…

수수께끼는
헤스
모두 풀렸어!

그는 이 모든 자료를 모아 「해양 분지의 역사」라는 논문을 썼다.

저… 이런 거 썼어요…
헤스
좀 봐달라능 …
쭈글
쭈글

* 실제로 이렇게 소심하게 출간했다.

여기에 등장한 '해저 확장설'은
그야말로 지질학계를 뒤흔든 혁명적인 이론이었다.

해저 확장설
와
와

그게 왜 혁명이었냐고?

그게 뭐가 혁명이었는데요?
좀 더 들어보지 못해?

산과 바다의 생성에 대한 모든 증거가 맞아떨어질 뿐 아니라

그건! 그건 나도 가능했다구!!!
베게너
아프
남미

그 원동력까지 총체적으로 설명할 수 있는 이론이었기 때문이다.

흑… 그래서
북극으로
꺼졌잖아잉ㅠ
과학자
원동력도
설명 못한
넌 빠져!

(실제 베게너는 존경받는 과학자임.
만화는 만화로만!)

그럼 이제 대체 뭐가 혁명이었는지 좀 더 알아보자.

지구 확장설과는
다른 개념인가요?
보다 보면
다른 점이
보일 거야!

해저 확장설이 무엇이냐?
말 그대로 해저가 확장한다는 이론이다.

바다
+확장
바다
1년에
약 5cm,
손톱이 자라는
속도로
이동하죠!!

즉 대서양 중앙 해령이 찢어지고 있던 이유는
해령을 중심으로 해저가 확장하고 있었기 때문.

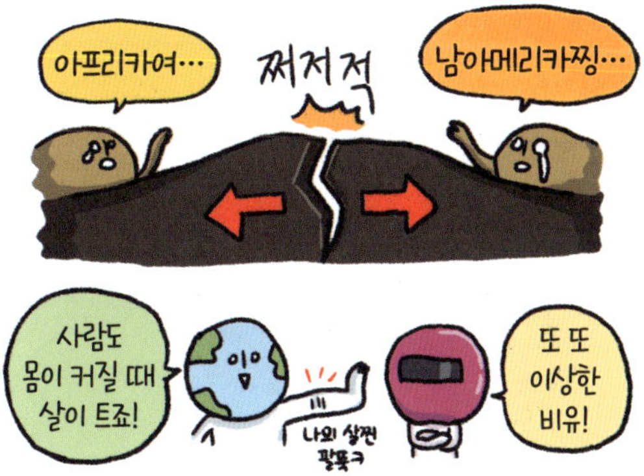
아프리카여…
쩌저적
남아메리카찡…
사람도 몸이 커질 때 살이 트죠!
나의 살찐 팔뚝ㅋ
또 또 이상한 비유!

또한 헤스의 발견에 따르면
찢어진 자리에서는 맨틀 물질이 올라와 새로운 지각을 만들고 있었다.

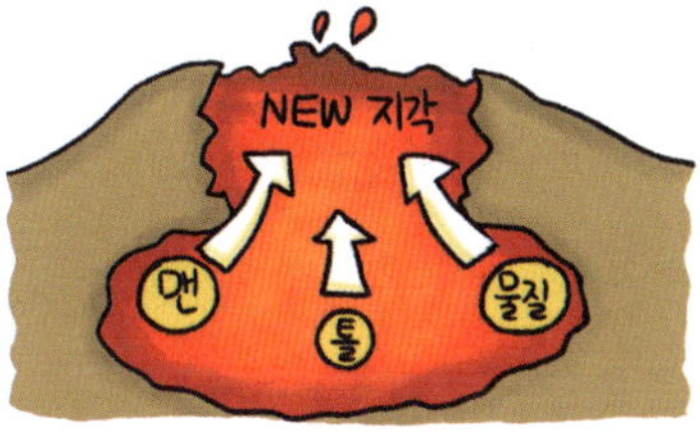
NEW 지각
맨
틀
물질

그럼 해저는 무한정 커지는 거냐?
헤스는 태평양의 자료에서 그것이 아니라는 사실도 발견했다.

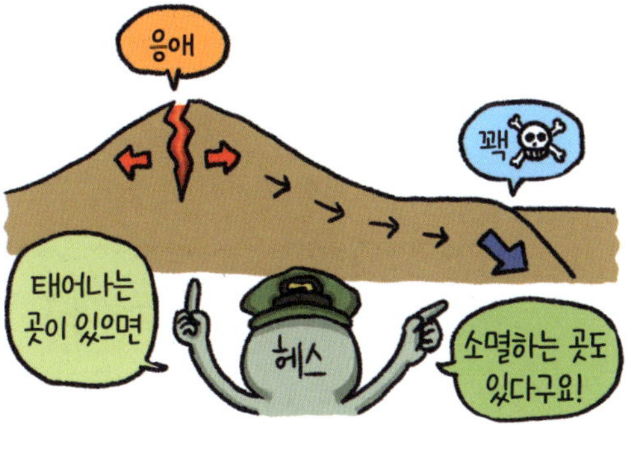
응애
꽥
태어나는 곳이 있으면
헤스
소멸하는 곳도 있다구요!

어딘가에선 땅이 다른 땅 밑으로 가라앉고,
이곳이 바닷속 구덩이, 즉 해구가 되기 때문이다.

해구
이왕이면 구덩이라고 해줘…
바닷속 하수구(溝)라는 뜻이죠!

그 생각이 맞다면 기요의 생성 원리도 끼워 맞춰진다.

만약 해령 중앙에 있던 화산이

윗부분이 침식된 후에

기
요

양옆으로 밀려난 거라면?!

해령의 중심부에 젊은 먼지,
가장자리로 갈수록 늙은 먼지가 자리하는 이유도 모두 설명할 수 있었다.

가장자리는 늙은 지각이니까 늙은 먼지!
중심부는 새 지각이니까 새 먼지!
요즘 먼지들은 곱게 자라서 예의가 없어… 쯧…
뉴비예요!
삐약 삐약

이렇게 땅은 해령에서 태어나 해구에서 소멸하는
우리네 인생 같은 순환을 겪는 것이다.

해령
<땅의 일생>
(감자의 일생X)
해구

그런데 이때 베게너 때와 같은 의문이 생긴다.
대체 무슨 원동력으로 해저가 확장하고 소멸하냐는 것이다.

사실 지구 내부에 컨베이어 벨트가 있는 거라면?
우리가 무빙워크 위에서 살고 있는 거면?
그믄흐즈 …
베게너

이에 대해 헤스는 어떤 주장을 했을까?

두
헤스
해저 확장설
웅
증거를 대시오!!!

헤스는 아서 홈스라는 과학자가 제시한
'맨틀 대류설'을 채택했다.

홈스
나는 지구 탐정 홈스…
맨틀 대류설을 알려주지…

부분 용융 상태인 맨틀이 대류하면서

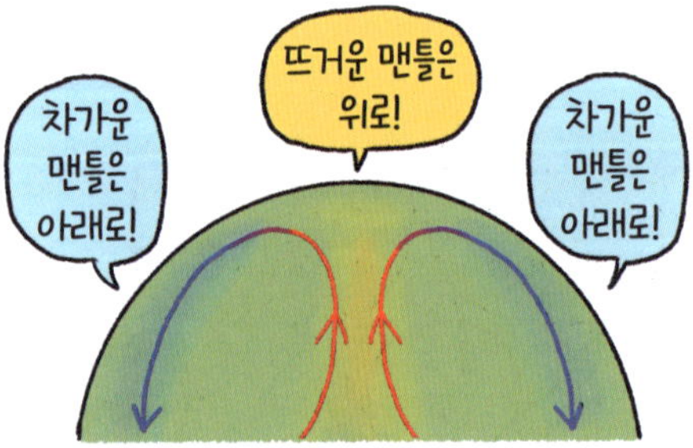
차가운 맨틀은 아래로!
뜨거운 맨틀은 위로!
차가운 맨틀은 아래로!

* 맨틀은 감람석이라는 초록색 광물로 이루어져 있어서 초록색을 띤다.

맨틀이 상승하는 곳에서는 땅과 땅이 벌어지고,

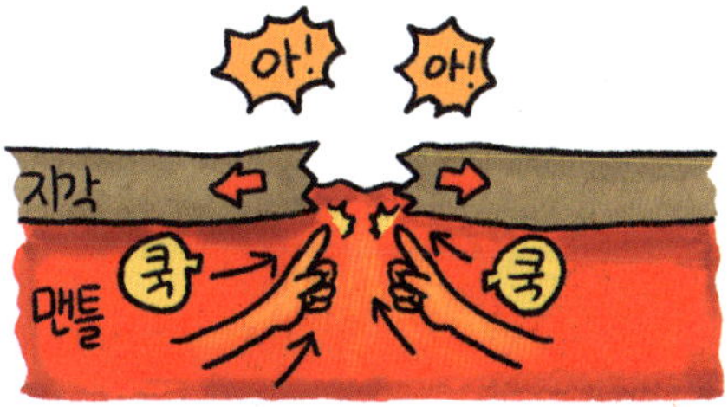
아!
아!
지각
쿡
쿡
맨틀

맨틀이 하강하는 곳에서는 땅과 땅이 모여든다는 설이다.

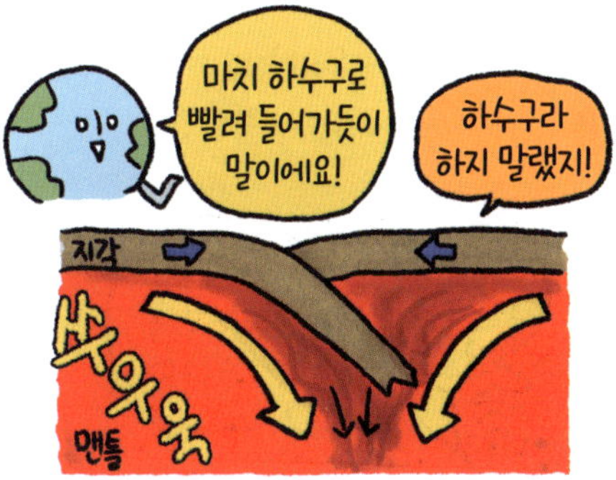
마치 하수구로 빨려 들어가듯이 말이에요!
하수구라 하지 말랬지!
지각
쏴우웅
맨틀

당시에는 증거가 없어서 묻혔지만,
헤스에겐 증거가 있었으니…

큭, 분하다… 완벽한 내 아이디어가…
여기 증거가 있네, 홈스!!
헤스

바로 맨틀 물질이 상승하는 해령은 뜨겁고
하강하는 해구는 차갑다는 사실이었다.

해령
해구
부글 부글
헤스
다 전쟁 때 측정한
데이터 덕이지ㅋ

그 외에도 고지자기 줄무늬 등의 증거가 더 있지만
본 만화에서는 생략하겠다.

궁금하면
지구과학I을
수강해주세요!

<본 만화는 지구과학I의
무료광고를 포함하고 있습니다.>

정리하자면—
해령은 맨틀 물질이 올라오면서 땅과 땅이 멀어지고,
올라온 맨틀 물질이 새로운 땅을 만드는 '발산형 경계',

해령

해구는 맨틀 물질이 내려가면서 땅과 땅이 모여 한쪽이 소멸하는
'수렴형 경계' 되시겠다.

해구

이 외에 판이 벌어지지도 모아지지도 않고 어긋나는 '보존형 경계'까지,
이 세 가지가 판의 경계라 할 수 있다.

이건 내가
발견했지!
윌슨

아무튼 거대하고 단단한 땅이
생성과 소멸을 균형 있게 반복하며 지구에 숨을 불어넣는다는 사실은

지구가
그렇게
조화롭다고?!
지구가
그렇게
역동적이야?!

당시 사람들에겐 혁명적인 이야기였다.

달이나 수성, 화성의 땅은 생동하지 않고 죽어 있다.

여기는
섭종 했나
…
고인물…
아니 고인돌
천국이네…
달
20억
31억
27억
19억

그곳엔 화산도 지진도, 새로운 암석의 탄생도 없다.

그러나 지구의 땅은 살아 있다.
내부의 에너지를 밖으로 발산하며 끊임없이 살아 있음을 증명하고 있다.

나 아직
안 죽었다
고오오오
!!!!!

인류가 이 거대한 땅의 서사시를 밝혀낸 지
불과 100년도 채 되지 않았고,

내 일대기가
그렇게 어려웠나?
난 아직도
안 밝혀졌어.
걱정 마.

비록 그 계기가 전쟁이라는 점은 조금 씁쓸하긴 하지만

전쟁 정도 이슈가 아니면 투자받지 못했다는 점도 씁쓸하구요…

해저 확장설을 계기로
지구 또한 우리처럼 생동하는 행성이라는 사실을 알게 되었으니

하나뿐이면서
살아 있는 행성이라구요!

이를 배우는 여러분도 지구를 소중하게 여겼으면 하는 마음이다.

END

7

한순간에 나락으로 떨어진 신의 광물

역사 속에서 인간이 위험에 무지했던 일은 수없이 많다.

GILBERT
실제로 팔렸던
장난감

납으로
화장하던
귀족들

오래 살기 위해 수은을 마셨던 진시황부터

이상하구나…
왜 마시면 마실수록 힘이 빠지느냐…
승천하시는 중이어서 그렇사옵니다, 폐하.

가습기 살균제라는 최근의 아픔까지…

난… 난 그저 우리 가족들이
깨끗한 공기를 마시길 바랐을 뿐인데…
가습기

신의 물질에서 나락으로 떨어진 물질은
찾아보면 셀 수 없이 나올 테지만

다음 화에서 곧 나올
유연 휘발유도 그중 하나죠!
* 스포주의
X

지구과학 만화답게 여기서는 대표적인 두 광물,
주사와 석면을 살펴보자.

만약 누가 여러분에게 약으로 먹으라고 수은을 준다면?

널 위해
준비했어!
아유, 이런
귀한 건
너나 먹지…
수은

또는 고급 옷이라며 석면으로 만든 옷을 준다면?

옜다!
아유,
곧 죽겠네요.
감사합니다^^
석면

지금이야 암살 시도지만 옛날에는 포상이었으니…

에엥?
죽고 싶어
환장했나요?

과거엔 그야말로 신의 광물들이었기 때문.

아… 옛날이여…

먼저 주사부터 살펴보자.

여기요!
그거 아닌 거
알지^^?

주사는 선명한 주홍색을 띠는 광물로서,

서양에서는 '버밀리언'이라는
안료로도 쓰였어요!

수은을 포함하고 있기 때문에 〈보석의 나라〉라는 만화에서는 몸에서 수은을 흘리는 캐릭터로 묘사된다.

지금이야 수은 무서운 거 모르는 사람이 더 드물지만

메틸수은 같은 건
장갑 낀 손에
한 방울만 떨어뜨려도
골로 갑니다…

옛날 사람들은 수은을 굉장히 신비한 물질로 보고,
수은에 영험한 효능이 있다고 믿었다.

금속인데
액체자나!
신비하잔아!
그건
그렇지만…

실제로 수은은 피부를 일시적으로
하얗고 탱탱하게 만들어주는 효과가 있었기 때문에
젊음의 약으로 불리기도 했다.

그렇다면
더 많은 수은을!
진시황
사실은
피부가
생기를 잃고
수축한
겁니다…

연금술에서 금을 만드는 핵심 재료로 쓰이기도 했으며

그 유명한 현자의 돌의
필수템이었다고 해요!
사람 목숨
아니었어
??
만화를 너무
많이 봤군.

* 궁금하신 분들은 〈강철의 연금술사〉를 찾아보세요.

이런 수은을 내뿜는 주사의 경우,
광증을 치료하는 효과가 탁월해서
방방 미쳐 날뛰는 사람에게 주로 처방되었다.

그 외 주사가 쓰이는 데로는 '오석산'이라는 음료(?)가 있었다.

이 오석산은 온갖 광물 가루를 술에 타서 만든 액체였는데…

문제는 이 광물이 죄다 마약성을 가지고 있었다는 것.

마약 가루와 술의 조합이니 뽕가지 않을 수가 없었고…

앗!
죽림칠현도 뽕갔다!
신선 필수템 오석산

독성은 당연히 기본 옵션이라
걷지 않으면 독이 빠지지 않아 죽었다고 한다.

근데 왜
먹은 거예요…
그 정도로 마약이
무서운 겨…

게다가 이 오석산을 마시면
피부는 극도로 약해져 일반 옷에는 쓸리고 상처가 나 곪을 수밖에 없다.
그래서 사람들은 깃털처럼 가볍고 해진 옷만 입고 다녀야 했는데…

님도 곪은 걸 보니
한 오석산 하시나보오.
허허허허…
허허…
다리도 이미
이 꼬라지라오.

일반인들은 이런 모습을 또 신선 같다고 동경했단다.

스스스슥
우와…
신선…
잉
잉

그 와중에 사람들이 정신을 차리게 된 건
수은의 위험성이 점점 밝혀지면서였지만

황보밀
소원방
살고 싶으면 제발
오석산 좀
멈춰-!!!

그래도 먹는 사람은 꾸준히 먹었다고 하더라.

그 유명한 명필 왕희지도
말년엔 오석산 때문에
비참하게 죽었다고 해요.

이제 석면으로 넘어가보자.

잘 가!
또 만나!
수은
또 만나긴 좀…

석면은 특정한 광물을 가리키는 게 아니라,
면 같은 조직을 가진 광물을 통틀어 이르는 말로…

각섬석
사문석 등…

광물임에도 섬유처럼 짜일 수 있다는 사실 자체가
당시에는 센세이션을 일으켰고

돌에서 실이 나온다고?
돌에서 물도 나온다 그러지 왜?
실도 나오고 물도 나옴 ㅇㅇ

엄청난 내열성, 흡음성, 강도를 자랑하는데
비용까지 저렴해서 건축 자재로서는 그야말로 꿈의 물질이었다.

건물의 천장이
이런 모양이라면
석면이 들어 있을 가능성이
높아요!!

이처럼 장점이 어마무시해서 신의 선물로 불렸던 석면에는
단 한 가지의 단점이 있었으니…

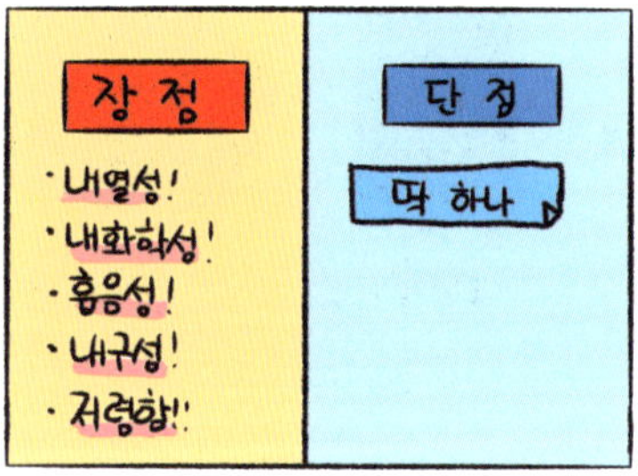
장 점
·내열성!
·내화학성!
·흡음성!
·내구성!
·저렴함!!
단 점
딱 하나

바로 100% 확률로 암을 유발한다는 것.

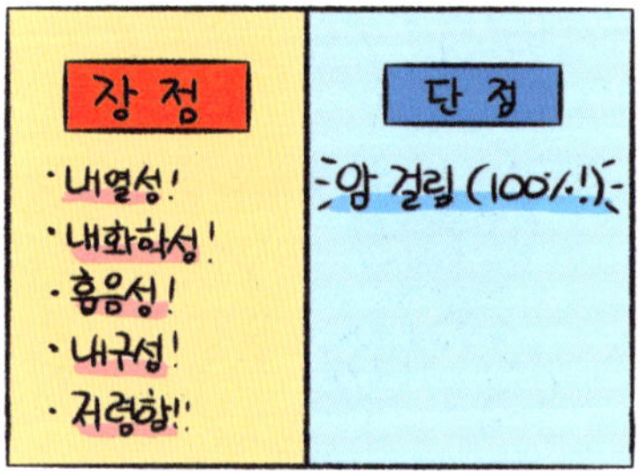
장 점
·내열성!
·내화학성!
·흡음성!
·내구성!
·저렴함!!
단 점
암 걸림 (100%!)

석면 입자는 너무나도 미세해서 폐까지 쉽게 침투하는데

워낙 고와서
흡입해도 느껴지지
않을 정도래요.

우리 면역 체계는 이물질인 석면을 없애려 하지만,
광물이 면역의 힘으로 없어질 리 없다.

왜요?
넌 돌 먹으면
소화되니?

이 과정에서 면역 세포가 죽어나가며 만성 염증 반응이 일어나고,

면역 세포 호국영령들의 무덤
염
증
부
위

그 과정에서 분비되는 활성산소와 염증 물질이
DNA 손상을 일으키며 암세포가 증식하게 되는 것.

무… 무덤에서
무언가
깨어난다…!

그러나 옛날 사람들이 그런 부작용까지 알았을 리 없다.

암이 뭐여?
사실 암 걸리기 전에 죽을 확률이 높았던 때라 …

기록에 의하면 고대 중국의 왕개와 석숭은
플렉스 배틀을 벌이는 게 일상이었는데…

난 휴지 대신 돈으로 똥 닦음!
응 난 화장실 갈 때도 택시 타~
왕개
석숭

그중 하나가 하인들에게 석면으로 된 옷을 입히는 거였다고.

허허, 불로 씻는 귀한 옷일세.
왕개
데려갈 사람이 너무 많은데?

* 당시 석면은 화완포, 즉 불로 씻는 옷이라 불렸다.

또한 석면은 로마의 부유층 사이에서 예복으로 활용되었으며

히히
재밌다
~
귀족
귀족

시신을 감싸 유골을 좀 더 깨끗하게 보전하는 용도로도 쓰였다.

아버지…
이미
돌아가셨으니
괜찮죠?

그러나 지금은 전부 미친 짓이었다는 게 밝혀졌으니,
국가 전체적으로 석면 제거 작업을 시행 중인데…

콜프네 학교도
방학 동안
석면 제거
공사하느라
학교 문을
닫았던 적이
있어요!

거의 방사선 보호에 준하는 장비를 써야 함에도
여전히 안전 대비책이 부실한 곳이 많다.

귀찮은데 이 헬멧으로 퉁치죠?
그래… 마침 공사비도 아낄 겸 좋네.

게다가 석면이 포함된 옛 건물을 재건축하는 과정에서 나오는 석면도
문제를 일으키니…

폴
석
면
폴
석
면
폴
석
면
폴
석

석면은 정말 인간을 괴롭히려고 태어난 광물 아닌가 싶을 정도다.

차라리 무용지물이기라도 하면!
아무 쓸모없기라도 했으면!
광
광

주사와 석면뿐 아니라 다른 물질도
언제 취급이 뒤바뀔지 모르는 일이다.

지구과학이 아니라서 언급은 안 했지만
대표적으로는 한때 악당 취급받았던 MSG도 있죠!
MSG

과학은 언제나 의심해야 하는 학문인 만큼
뭐든지 '정말 그럴까?' 하는 생각을 가지고 접근해보는 게 어떨까.

왜요? 왜요? 왜요?
그만! 그만 물어봐!

END

8

지구 나이 구하다 인류를 구해버린 화학자

화학과 지구과학은 알고 보면 정반대의 학문이다.

아르르르르
으르르르르
화학
지구과학

화학은 원자 세계를 연구하는 만큼
정확성과 정밀성이 생명이라면…

그래서 소갈머리가 나노미터 단위라며?
원자 개수 일일이 세는 것들이랑은 상종하지 말자.
지구
과학

지구과학은 지구와 우주를 연구하는 만큼
자료 하나하나보다는 큰 경향성이 더 중요하다.

야, 쟤들은 1억 년도 오차랜다ㅋ
인생도 그리 대충 사나 봐?
화
학

그런데 이 둘이 만나 극적인 콜라보를 이루어낸다면?

화학
지학
찰칵
마!
싸우지 말고
화해해라!!

오늘 소개할 과학자는
지구과학의 역사에 길이 남을 화학자이자…

지구과학 교과서에
내 일대기가
소개되어 있다구!!
하지만 넌
화학자잖아…

그야말로 인류의 구원자이신
클레어 패터슨 되시겠다.

Clair
Cameron
Patterson

클레어 패터슨.
처음엔 그저 고통받는 대학원생이었다.

실험 중
출입금지
끙…
왜 그럴까…

그를 괴롭히던 것은 바로 뒤죽박죽 측정되던 납의 농도.

별 거 아니야ㅎ
그냥 운석 속 납 농도만 측정하면 돼.
매우 별 거인데요, 교수님…
해리슨 브라운

패터슨이 왜 운석 속 납 농도를 측정하고 있었냐고?

꽁차
엄마! 저 사람이 말로만 듣던 대학원생이야?
놀리지 말렴… 그저… 잘못된 선택을 한 것뿐이란다.
꽁차
잉

바로 지구의 나이를 구하기 위해서였다.

니…
몇 살이고?
알 바가?

그럼…
운석한테 물어보면 되지!
갑자기?
뭐라고?!

왜 하필 운석이냐고?
그건 운석과 지구가 쌍둥이기 때문이다.

운석 대부분은 태양계 출신이고,
태양계의 모든 천체는 같은 물질에서 동시에 태어났기 때문.

쌍둥이 클럽
운석
혜성
행성

운석 속에 있는 '우라늄-238'이라는 물질은
시간이 지나면 서서히 '납-206'으로 붕괴해가는 게 특징이다.

우순 씨… 나는…
나는 틀린 것 같아…
우돌 씨!!!

갓 태어난 운석에는 납 없이 우라늄만 들어 있겠지만

응애
응애
응애

운석이 오래되면 오래될수록
우라늄이 붕괴하여 만들어진 납의 양도 많아진다.

아유, 제가 sbn을 몰라 보고…
허허… 예의가 참 바른 후배일세.
꾸벅
험험

* U: 우라늄, Pb: 납

이때 운석 속 우라늄의 절반이 납으로 붕괴하는 데
약 46억 년이라는 세월이 걸린다는 점을 고려하여…

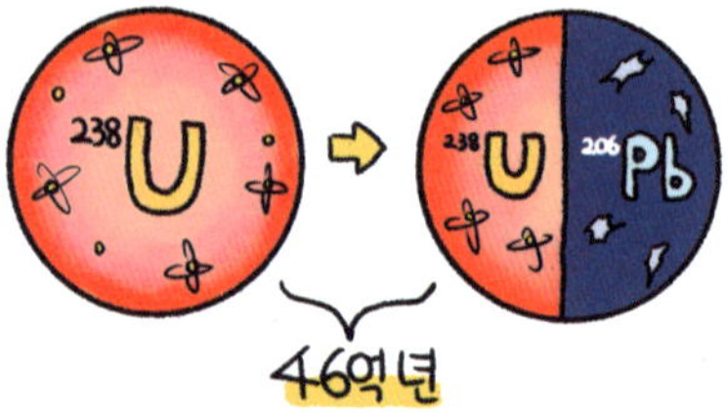
238U
238U
206Pb
46억 년

운석 속 우라늄과 납의 수치를 비교하면
지구의 나이를 알 수 있는 것.

우라늄이 납으로 이만큼 붕괴하려면…
대충 길고 복잡한 log 방정식
…
…년이 걸리겠군!
U
Pb

이를 위해 우라늄의 농도는 조지 틸턴이,
납의 농도는 패터슨이 측정하고 있었는데…

또 다른 노예…
아니 대학원생
조지 틸턴
U
Pb

틸턴이 측정한 우라늄의 농도는 일정한 반면

해냈다!
난 계산 끝!!
틸턴

패터슨이 맡은 납의 농도는 계속 들쭉날쭉했다.

지구야…
니 몇 살이냐고
…
쾅
쾅
묵을 만큼
뭇다, 와!!!

우라늄이 납으로 붕괴하는 데는 매우 오랜 세월이 걸리기 때문에
그 짧은 사이에 운석 내 납 농도가 변했을 리는 없을 터.

납으로 변할래, 말래?
변할래, 말래?
U
Pb
저 이런
줏대 없는 원소
아닙니다…
U
내가 그걸
모를까…
내가…
그걸 모를까?

고민 끝에 패터슨이 내린 결론은 하나.

그래,
결심했어!

운석 시료가 외부의 납으로 오염되었다는 것이다.

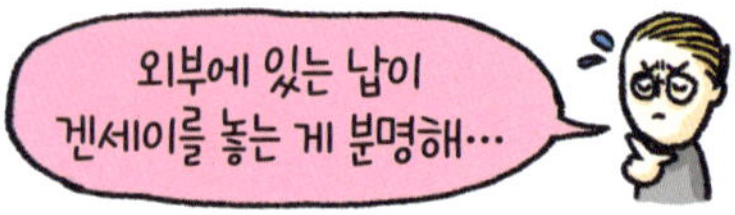
외부에 있는 납이
겐세이를 놓는 게 분명해…

* 겐세이: '방해'의 일본말

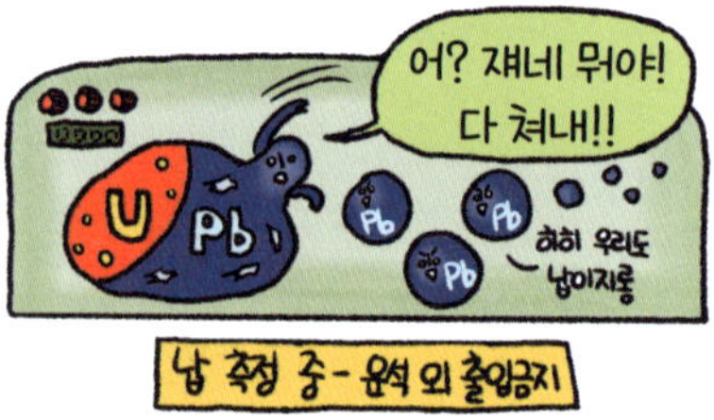
어? 재네 뭐야!
다 쳐내!!
U
Pb
Pb
Pb
Pb
히히 우리도
납이지롱
납 측정 중 - 운석 외 출입금지

패터슨은 슬하 노예…
아니 대학원생을 동원하여 실험실을 미친 듯이 청소했지만…

울지 마! 실험실에
납 떨어지니까!!!
찰싹
찰싹
뽀득
탈
탈
멘탈 갈리는
소리 아님
뽀득

납의 농도는 여전히 들쭉날쭉이었다.

왜!
대체
왜!!
운석 속 납의 농도
쾅
쾅

패터슨은 어떻게 이를 해결했을까?

교수님,
부탁드릴 게 있습니다.
What?
해리슨
브라운

실험실을 다시 지었다.

실험실 좀
다시 지어주십시오.
콜
ㅋㅋㅋㅋㅋㅋㅋㅋㅋ.....

역사상 유례없는 초 청정실에서야
패터슨은 납의 농도를 제대로 측정할 수 있었고

해냈어!!
드디어 납의 수치가 제대로 나왔어!!!
대학
원생

지구의 나이는 약 45억 5천만 년 정도로 밝혀진다.

촤악
지구는
45억 5천만
±7천만 살
뭔 오차가 7천만 살?
지구과학이니까 …

그런데 패터슨은 여기서 멈추지 않았다.

대체 왜 실험실이 납으로 오염되어 있었지?
어쩌면 실험실뿐 아니라 우리 주변이 전부…?

과거에 비해 현재 공기 속 납의 농도가 높다는 것을
증명하려 한 것이다.

근데 옛날 공기를
어… 디서 구하죠?
다 방법이 있지!
불길
대학
원생
ㅎ

패터슨은 북극으로 향했고,
그곳의 빙하에서 과거의 공기 방울을 채취했다.

가즈아,
북극으로!!!
으아아
지국총
지국총

그리고 그 속의 납 농도를 현재의 수치와 비교한 결과…
1923년 이후 쌓인 빙하 속 공기 중 납 농도는
이전 시대보다 무려 80배나 높았다.

1923년
이후 눈
쑤욱
1923년
이전 눈

이대로라면 인류가 납중독으로 절멸할 수도 있는 상황!

1억 년 후
자~ 이건 인간의 화석이에요~ 인류는 어쩌다 멸종했을까요?
납중독이요~

패터슨은 온몸에 소름이 돋는 것을 느꼈다.

대기 중에 …
대기 중에 납이 있어!
지금 여기에도…!

납은 뼈와 잇몸, 신경계에 축적되며 정신착란을 일으키고…

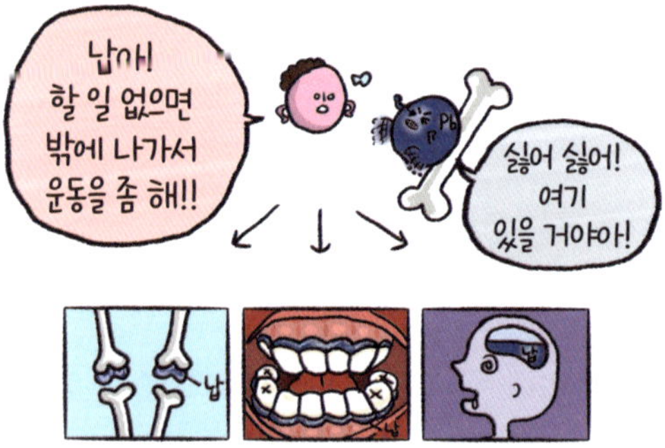
납아! 할 일 없으면 밖에 나가서 운동을 좀 해!!
싫어 싫어! 여기 있을 거야아!
Pb
납
납
납

심하면 뇌 손상까지 일으켜
사망에 이르게 하는 유독한 금속이기 때문.

패터슨은 무엇이 대기 중 납 농도를 이렇게까지 높였는지 추적했고…

으아아!!!
왜 그럴까!!
실험 중
출입금지
엄마,
저 아저씨 또 저래…

마침내 납을 넣은 휘발유, '유연 휘발유'를
그 범인으로 지목하기에 이른다.

범인은
너다!
유연
휘발유!

휘발유 속에 납을 조금만 넣으면
연료의 효율이 기가 막히게 증가했기 때문에…

독성 물질?
알 바임?
이렇게 품질이
좋아지는데??
쫄쫄
쫄
휘발유

당시에는 휘발유에 납을 안 넣는 사람이 바보였다.

이렇게 유연 휘발유를 넣은 자동차는
당연히 배기가스로 납을 뿜어댔죠.
잉
뿡
납

패터슨은 유연 휘발유를 쓰지 말자는 움직임을
대대적으로 펼쳤으나…

살고 싶으면 제발
휘발유에 납을
넣지 마세요!!!
STOP

이는 당연히 휘발유 회사 사장들의 눈총을 맞았는데

저놈
끌어내!
석유
회사
사장
옛!!!

그 대표 주자가 바로 제너럴 모터스의 연구원,
토머스 미즐리였다.

질
질
질
으아아
ㅋ
Thomas Midgley

미즐리는 갖은 방법을 동원해 패터슨을 방해했다.

그는 납의 무해성을 입증하는 연구에 수많은 돈을 투자했고…

납을 섭취한 환자의 대소변에서는 납이 나오지 않았습니다!
이건 뭐… 몸속에서 처리 끝났다 봐야죠~
*

* 소변과 대변으로 안 나오고 쌓이니까 더 무서운 거다.

세계적인 납 권위자 로버트 키호를 고용하여 납의 무해성을 설파했다.

키키키키…
딸랑
딸랑
키호
대기 중 납 농도와
인체의 납 농도가
차이가 없는 것을 보면
현재 인체의 납 농도는
유해한 수준이 아닙니다!

미즐리는 심지어 손을 납에 담그고
납 증기를 들이마시는 쇼까지 벌일 만큼 대담했다.

저는!!
멀쩡합니다!!
헤롱
헤롱
조수! 저기
양복 입은 공룡
좀 쫓아내봐!
납
납

패터슨은 이를 하나하나 반박해갔지만…

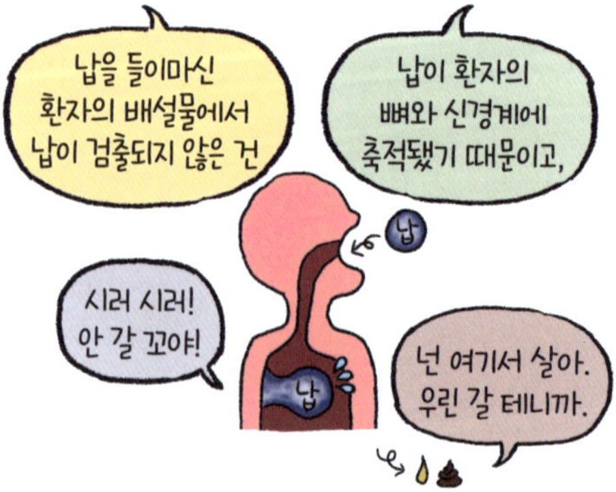
납을 들이마신
환자의 배설물에서
납이 검출되지 않은 건
납이 환자의
뼈와 신경계에
축적됐기 때문이고,
납
시러 시러!
안 갈 꼬야!
납
넌 여기서 살아.
우린 갈 테니까.

현재 대기 중 납과
인체 중 납 농도가
비슷하다는 건
인간이 이미 납을
마실 대로 마셨다는
증거일 뿐입니다!!!
히히 이미
대기중 납 농도가
미쳤다구요
납에
절여질 대로
절여졌어~

그런 패터슨을 기다리고 있던 건 연구비 삭감과 해고 압박.

응 패터슨
안 받아~
응 자리 없어
~
패터슨?
응 아니야~
칼텍
미국
공중보건국
납오염
국가 연구회

하지만 그런다고 포기할 패터슨이었으면?
인류의 구원자는 되지 못했을 것이다.

꼴받쥬?
열받쥬?
아무고토
못하쥬?
크윽…
두고 보자…
난…
지지…
않아…!

패터슨은 포기하지 않고 끈끈이 납 반대 운동을 펼쳐나갔다.

쿨럭…
납 사용을…
중지하라…
쿨럭…

납의 위험성을 설명하는 논문을
미국의 상원 의원 에드먼드 머스키에게 보냈고

!
머스키
납 나빠요
-패터슨-
죄송합니다.
머스크멜론이
떠올라서…
일론 머스크는
못 그리겠고…

이 논문을 바탕으로 머스키는 청문회를 열었다.

머스키
패터슨
키호

뒷배가 든든했던 키호는 납이 무해하다는 주장을 계속해서 펼쳤고…

0.08mg만큼의 납은
인체에서 자연발생 할 수 있으며
아함
자연적으로 처리될 수 있으므로
무해합니다!!
처리 안 됨

거대 기업에 외로이 맞선 패터슨은

빙하에서,

고대 인디언의 뼈에서,

네바다의 외딴 협곡에서,

바닷속 참치의 살에서

납 오염의 증거를 찾기 위해 온 지구를 헤맸다.

그렇게 20년의 싸움을 버텼던 패터슨이 천식 발작으로 죽고 몇 주 뒤,

미국에서 유연 휘발유는 완전히 퇴출되었다.

인체에 해롭지 않은
납 농도란 없소!
한 방울의 납도 유해하오!

인류를 구한 지구화학자 패터슨.

이제
인류의 몸에
납은 없나…
그럼
된 거야…

어쩌면 그의 위대함에 비해
이름은 너무나 덜 알려져 있는 것 아닌가 싶다.

END

번외. 미즐리의 최후

패터슨의 일생은 참으로 험난했지만,

노벨상도 못 받았대…
왜여?
노벨 지구과학상 들어봤어?

미즐리는 평생 잘 먹고 잘살았다.

꺼
억

심지어 오존층 파괴의 원인이자 강력한 온실 기체인 프레온 가스도 그의 작품이다.

히히, 후손 따위 알 바임?
수익 달달하다~
프레온
오존층

그에 대한 벌을 받았냐고?

공식적인 답은
'아니오'지만
…!!

평소 소아마비로 고생했던 미즐리는
침대에서 자기 몸을 자동으로 일으켜주는 기계를 사용하곤 했다.

끼익
끼익

어느 날, 기계가 알 수 없는 이유로 오작동해 미즐리의 목을 졸랐으니,
당시 그의 나이 55세였다.

커헉!!

9

지학무새의 힐링여행 in 제주

마음의 휴식을 찾으러 떠날 때 자주 찾는 장소, 제주도.

떠나요~ ♬
둘이서~

이번에도 지친 심신을 달래러 혼자 제주를 찾았다.

다녀올게~
잘 다녀와~

나는 뚜벅이였기 때문에 대중교통으로 모든 걸 해결해야 했는데

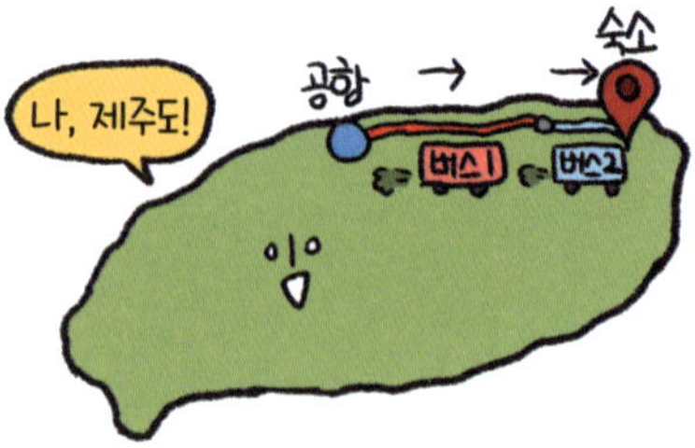
나, 제주도!
공항
숙소
버스1
버스2

갈아타야 할 버스가 30분째 도착 예정 정보 없음 상태였다.

저기까지◀ 정류장 ◀ 여기서
징하다,
징해!!
응
안 와~
여기서
서울 생각
말라~

설상가상으로 택시도 안 잡히는 상황.

5번째도
택시가
안 잡혀요
:)
3km 미만은
걸어 다니란 건가!!

결국 3km 거리를 캐리어 끌고 걸어가기로 작정한 콜프.

에라이
그냥
걸어가고
만다!
할 수 있다,
내 다리!
힝구

가는 길은 나름 즐거웠다. 야자수랑 사진도 한 컷 찍고…

정말 정말 제주스러운 사진도 건졌는데…

오오!
이것이
리얼 제주!!

바로 이것이었다.

뭐가 제주스럽냐고?

우리가 흔히 아는 밭과 달리 흙이 새까만 것이 보이지 않는가?

그게 뭐가
제주스러운데요?
몰?루
아직
지구과학적 사고가
부족하구만!!

제주도 대부분이 까만 현무암으로 이루어져 있기 때문에
흙조차 이렇게 까만 것이다.

보라!
이 선명한
현무암의 컬러!
가루가 되어도
나를 잊지
말아줘…

제주도는 신생대 막바지에 형성된
우리나라의 막내둥이 화산섬이다.

막내둥이 화산섬 클럽
응애
제주도
울릉도
독도

제주도는 SiO_2 함량이 낮은 마그마로 이루어져 있는데…

잠깐!
신성한 지구과학에
웬 화학식이에요!
SiO_2가 뭔데요!

SiO_2는 이산화규소.
이름만 들으면 어려워 보이지만!

지금 밖에 나가서 모래 한 줌을 쥐면 그중 반 이상이 SiO_2다.

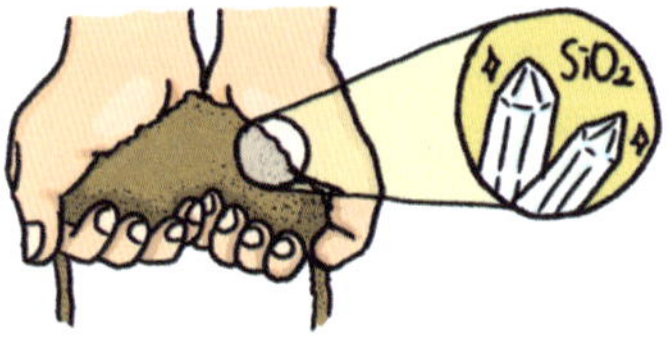
SiO2

투명하고 동글동글한 입자가 SiO2예요!
반도체의 주성분이기도 하죠. 실리콘!

그러면 여기서 잠깐 퀴즈!

SiO2는 투명 또는 흰색!
SiO2가 적으면 암석의 색은 어찌 될까요?

그렇다.
SiO_2가 밝은 색이니 SiO_2가 적은 암석은 자연히 어두운 색을 띠고,
그 흙도 검은색이 되는 것이다.

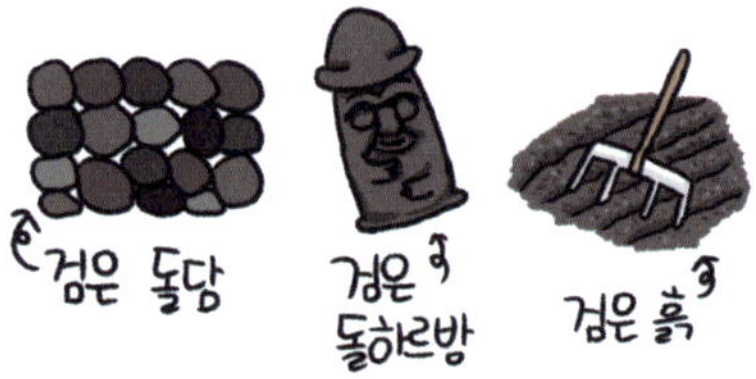
검은 돌담
검은 돌하르방
검은 흙

제주도가 SiO_2 적은 암석으로 이루어져 있어 나타나는 특징은 한 가지가 더 있었으니…

SiO₂가 암석에 미치는 영향을 좀 더 알아볼까요?
다음 여행지로 ㄱㄱ !!!

다음 날도 멀리 떨어진 카페까지 캐리어를 끌고 걸어가기로 한 콜프.

택시는 역시나 안 잡히는군…

2km 정도 거리에 날씨도 선선해서 걸어갈 만할 줄 알았다.

출발할 때만 해도 신났음.
와! 여기서 사진 찍어야지!

카*오맵이 이런 길을 안내해주지만 않았다면 말이다.

무 ㅡ 성

이미 돌아갈 수도 없는 터라 체념하고 걷는데,

우와ㅡ!

저 멀리 한라산이 보였다.

완벽한
순상 화산의
자태!!
역시
SiO₂가 적으면
경사가 완만하지!

SiO_2가 적은 용암은 점성이 낮기 때문에
한라산처럼 경사가 완만한 화산체를 형성한다.

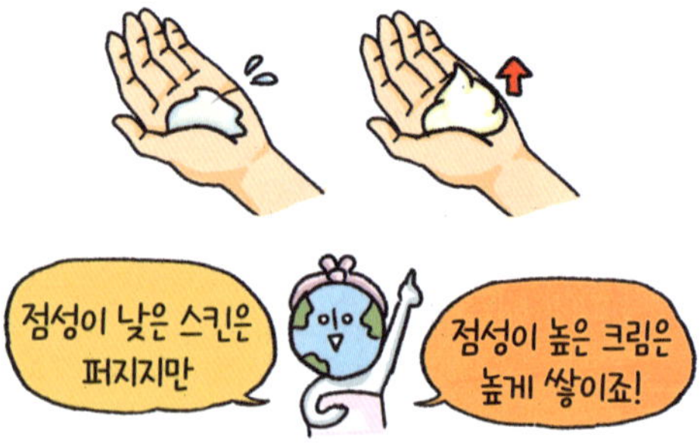
점성이 낮은 스킨은
퍼지지만
점성이 높은 크림은
높게 쌓이죠!

터질 때도 얌전히 용암만 뿜뿜하며 흐른다.

하와이 용암도 이래요.
용암 분출을 바로 옆에서 봐도 될 정도로 얌전해요!
잉

반면 SiO_2가 많은 용암은 가스 함량이 많기 때문에 격렬하게 폭발하며 경사가 급한 화산을 만든다.

막 흔들어놓은 콜라 같은 상태죠!
잉
푸슉
그래, 큰일 비유보단 콜라가 낫다…
보골
보골

＊ 2화 참고

그런데 제주도에 이렇게 얌전한 화산만 있는 것은 아니다.

단순 분출 외에 좀 특이한 분출도 두 종류 있어요!
잉
살펴보러 가실까요?

한라산을 만든 마그마는 옆길로 새서 수많은 새끼 화산들도 만들었는데…

여드름이 너무 많아서 고민이에요…
"오름"

이것이 바로 '오름'이다.

한라산과 달리 오름은 경사가 가파른데,
여러 번의 짧은 분출을 통해 용암 조각이 쌓여 형성되었기 때문이다.

뿜
뿜
뿜
오름
'스트롬볼리식 분화'
라고도 해요!

분출 과정에서 튀어 오른 용암이
빠르게 식으면서 돌이 되어 주변에 쌓인 것.

어우, 추워!
쩌엉
역시
화산 밖은
위험해ㅠ
쩌엉

그래서 오름에 가면
이렇게 구멍이 뽕뽕 뚫린 돌멩이들이 많이 널려 있다.

이게
그 유명한
화산송이!
어려운 말로는
'분석' 혹은
'스코리아'라고
하죠!!

오름처럼 짧은 분출을 반복하면서
식은 용암 돌멩이가 쌓여 만들어진 지형을 '분석구'라 한다.

'분석'이
쌓여서
분석구!

한라산과 오름의 모습.
경사의 차이가 느껴지는가?

한라산
오름
수업 때
써먹어야징!
찰칵
찰칵

이렇게 제주도를 구성한 주요 화산 폭발은 한 가지가 더 있는데…

이번엔
우도로
떠나볼까요?

가고 싶었던 고기국숫집이 문을 닫아서 홧김에 올라탄 우도행 배.

고기국수!
먹고!!
싶다!!!

선실에 나밖에 없어서 전세 내고 누워 있었는데…

저기요…
으음…?!

하마터면 우도에서 못 돌아올 뻔했다.

승선권
떨어뜨리셨던데
…
승선권

승선권의 인연으로 한 요정 가족들의 차를 타고
예기치 않은 우도 여행을 하게 되었다.

난 그냥
고기국수만 먹고
가려고 했는데 ㅎ
결국 고기국수는 못 먹음

해안도로를 달리다 보니
저 멀리 제주도의 상징, 성산일출봉이 보였다.

성산일출봉

여기서 세 번째 화산 폭발이 등장하는데…

일반적인 용암 분출,
스트롬볼리식 분출에 이은!

바로 '수성 화산 분출'이다.
우도와 성산일출봉은 물속에서 화산이 폭발하며 생겨났다.

야, 너두?
야, 나두!

공기 중에서 화산이 폭발했다면 그냥 용암이 흐르고 말았겠지만

물속에서 폭발하면 이야기가 조금 다르다.

물이 뜨거운 용암과 바로 만나 순식간에 끓어버리고…

뜨겁지?
뜨겁지??
부글부글

이때 생긴 수증기가 급격한 폭발을 일으킨다.

못 참아!!!
펑
부글
부글

물과 닿아 빠르게 식은 용암은 미세한 유리조각 같은 화산재가 되고

제작
'재'라는 건 결국
미세한 크기로 굳은
돌가루들이죠!

화산 주변에 쌓여 '응회구' 또는 '응회환'을 만든다.

응회구
내 심장은…
모두 잿더미인 걸…★

평화로워 보이는 우도와 성산일출봉은
사실 이런 격렬함 속에서 탄생한 것이다.

라-떼는 말이야…
매일같이 수증기 폭발 냄새
맡으면서 말이야…

한 마그마에서 태어났지만
조금씩 다른 성질을 가진 제주 본섬과 오름, 우도와 성산일출봉.

쌍둥이는
쌍둥인데…
쵸큼…
다르달까…

다채로운 관광 명소만큼이나
다채로운 지질 특징을 가진 제주도였다.

만화에서 소개한 것은
5분의 1 될까 말까 해요!!

END

10

도대체 '콜프'가 무슨 뜻이길래

이쯤 되면 아마 많은 분들(0명)이 내 닉네임,
'콜프'의 뜻이 뭔지 궁금해할 것 같다.

후…
이제야
밝히네요
…
제…
닉네임의
비밀은
…
텅

블로그 시절부터 보신 분들은 알겠지만
콜프는 '콜드 프론트(Cold Front)', 즉 '한랭 전선'의 준말이다.

그럼 한국식으로 하면
한전이네?
...
잉
"한랭전선"

모르는 게 당연하다.
지구과학교육과 동기들도 8명 중 2명만 알아차렸다^^

콜프가
무슨 뜻이야?
콜드
프론트!
그건 또
뭔데?
콜드플레이
변형이야?

그러면 왜 닉네임을 한랭 전선이라고 지었는지가 또 궁금할 텐데…

전혀
안 궁금한데요?
그 입
다물어
*^_^*

이를 위해 이번엔 '온대 저기압' 이야기를 해보려고 한다.

고기압은 맑은 날씨, 저기압은 흐리고 비 오는 날씨라는 사실은
아마 대부분 알고 있을 것이다.

고기압
저기압

그럼 무엇이 구름과 비를 만드냐?
여러 가지 요인이 있지만…

그것은 하늘의
Noon Mul…★
너 문과 아니자나…
왜 그래? ㄷㄷ

(콜프의 남편 문돌이는 공대생임.)

기본적으로 저기압에서의 상승 기류로 인해
수증기가 하늘로 올라가 구름, 비가 된다.

아아…
바닥찡
…
수증기
비록 하늘에 있어도…
내 마음은 항상
땅에 있다능…

이 중 조금 특별한 저기압들이 두 개 있으니,
바로 온대 저기압과 열대 저기압이다.

야야,
온대 저기압이
온대!
열대 저기압한테
열 대 맞고 싶니?
온대 저기압
열대 저기압

열대 저기압이 우리가 흔히 말하는 '태풍'이고,

온대 저기압이 이번 화에서 설명할 '전선' 되시겠는데…

태풍은
빠져!!!
파직
파직
너도 빠져
…
그 전선이
아니란다

전선은 쉽게 말하면 성질이 다른 두 공기의 싸움이다.

Fight!

이 전선은 다시 한랭 전선과 온난 전선으로 나뉘는데…

한랭
온난
일단
생긴 것만
간단히 보자구요!

둘 다 두 공기가 만나는 곳에서 구름과 비를 뿌린다는 공통점이 있다.

음… 두 공기가
치열하게
싸우고 있군…
?

한랭 전선에선 찬 공기가 따뜻한 공기를 파고들면서
두꺼운 구름과 소나기를 만들고…

슈웃!
크헉

온난 전선에선 따뜻한 공기가 찬 공기를 타고 오르며
얇고 넓은 구름과 함께 이슬비를 만든다.

찬 공기
밟으실 수
있으시죠?
크흑…
이슬즙이
흐른다…

그럼 왜 하필 온난 전선도 아니고
한랭 전선을 닉네임으로 잡았을까?

그건 이 두 전선을 합쳐서
온대 저기압을 만들어봐야 이해할 수 있다.

찬 공기와 따뜻한 공기가 만나는 위도 60° 부근.

이곳의 작은 파동으로부터 온대 저기압은 형성된다.

파동 형태로 인해 왼쪽에서는 찬 공기가 따뜻한 공기를 밀어내고,
오른쪽에서는 따뜻한 공기가 찬 공기를 타고 오르는데…

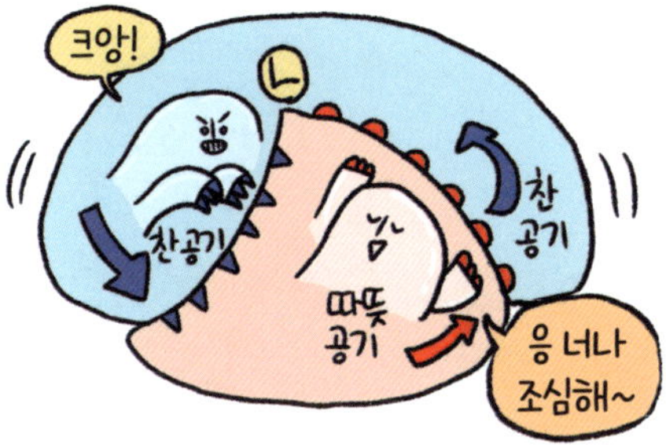

입체로 보면 이런 모습이다.

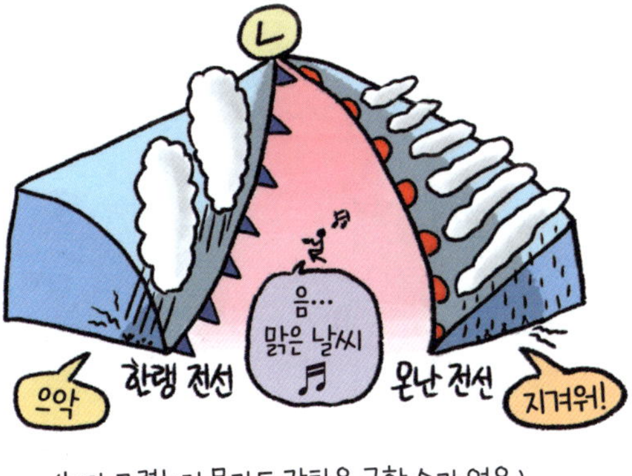

(누가 그렸는지 몰라도 감탄을 금할 수가 없음.)

그러면 이 입체 모습을 머릿속에 간직한 채
온대 저기압이 지나갈 때의 날씨 변화를 생각해보자.

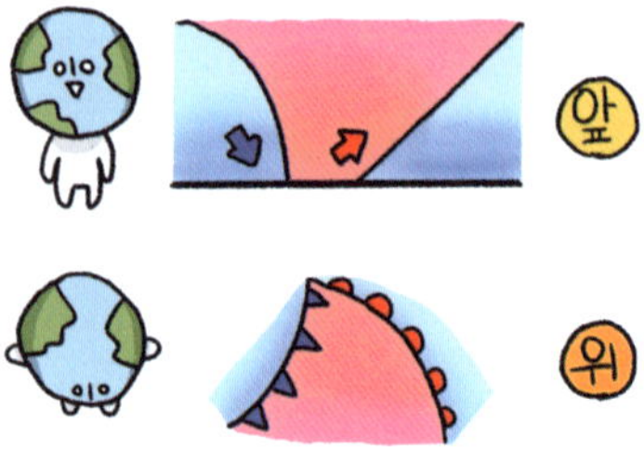
앞
위

온대 저기압은 편서풍을 타고 흐르기 때문에
서에서 동으로 이동한다.

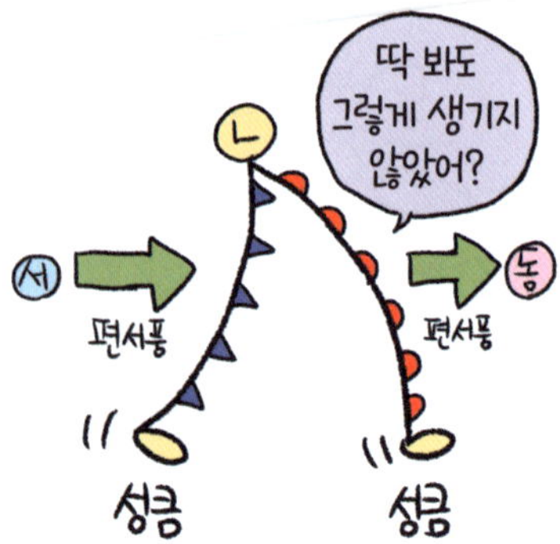
딱 봐도 그렇게 생기지 않았어?
L
서
편서풍
동
편서풍
성큼
성큼

따라서 우리는 온대 저기압의 오른쪽부터,
즉 온난 전선에서 한랭 전선 순서로 맞이하는 것인데…

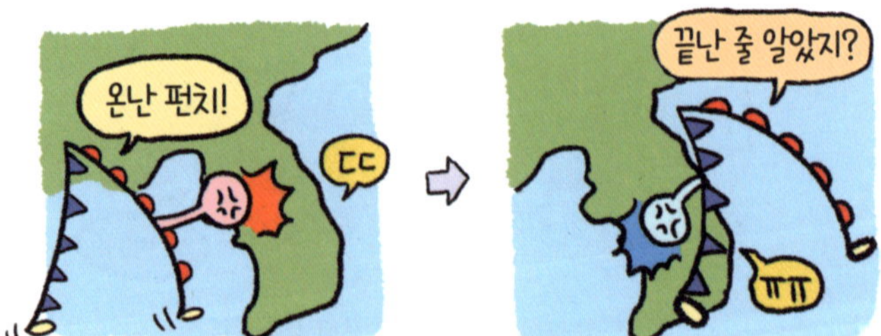
온난 펀치!
ㄷㄷ
끝난 줄 알았지?
ㅠㅠ

처음에는 온난 전선이 지나가며 이슬비가 오다가…

나야…
보고 싶지 않았어…?
질척
질척
어우, 지겨워.

이슬비가 지나가면 따뜻한 공기와 함께 잠시 맑은 날씨가 찾아온다.

와아~ 비도 안 오고 따뜻해서 좋네!
훈
훈
길고 축축한 만남이었다…

비도 시원찮게 왔는데 비 온 뒤 날씨도 영 뜨뜻미지근하다 싶으면
온난 전선이 지나갔다고 보면 된다.

언제는 비도 안 오고 따뜻해서 좋다며!!
저희 과학 만화는 항상 양쪽의 의견을 공평하게…

여튼 온난 전선이 지나가면 잠시 맑아지지만,
이후 한랭 전선이 다가오면서…

뭔가 등골이
한랭한데?

날씨는 소나기와 함께 추워진다.

화끈하게
적셔주지!
화끈하다니!
넌 한랭 전선이잖아!

비가 확 오고 나서 날씨가 선선해졌다 싶으면
한랭 전선이 지나갔다고 보면 된다.

물을 끼얹어서
추워지는 것
아니었어요?!
그렇게 단순하면
지구과학이
왜 있겠니?!

정리하자면 온대 저기압이 지나갈 때의 순서는
온난 전선의 이슬비 → 맑음 → 한랭 전선의 소나기 → 끝이다.

원펀치
온난 전선 이슬비

잠시 맑음

투펀치
한랭 전선 소나기

온난 전선의 이슬비는 그쳐도 또 다른 비를 몰고 오지만,

오예,
맑은 날씨
!!!!
방심하긴 이를 텐데?

한랭 전선의 소나기는 당장 나를 춥고 축축하게 만들지라도

으덜덜

그치고 나면 이 저기압도 완전히 끝난다는 것을 예고해준다.

그래…
이제 흐린 날씨는
끝난 거야…

다시 말해 한랭 전선이 왔다는 건
곧 비가 물러나고 맑은 날씨가 찾아올 거라는 뜻.

나는 인생의 힘든 일 또한 한랭 전선처럼
곧 지나가리라 약속된 거라고 믿고 싶다.

이겨내자,
콜프!
할 수 있다,
콜프!

오늘보다 맑은 내일을 약속해주는 한랭 전선, 콜프처럼

여러분의 내일도
오늘보단
맑을 거예요!

찬 비가 오더라도
내일은 맑을 거라는 마음가짐으로 살았으면 좋겠다:)

END

번외. 1년에 한 번씩은…

오늘은 지구과학 심화발표 시간~
삑삑이는 전선을 주제로 준비해왔다고?!
네~
전선은 전류가 흐르도록 하는 도체로서 쓰는 선으로…
들어가.
후… 다음…
넵!
전선은 전쟁에서 직접 전투가 벌어지는 지역이나 그 지역을…
너도 들어가.

11

태풍이 좋아하는 길은 따로 있다

여러분의 인생에서 가장 기억에 남는 태풍은 무엇인가?

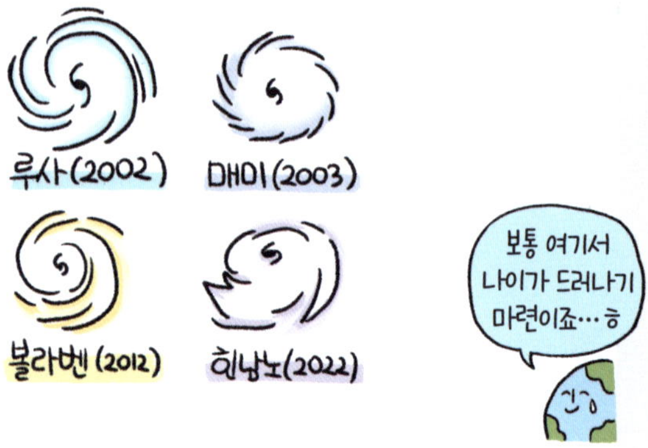
루사(2002)
매미(2003)
볼라벤(2012)
힌남노(2022)
보통 여기서 나이가 드러나기 마련이죠…ㅎ

나는 2010년의 곤파스가 가장 기억에 남는다.

곤파스는 일본어로 '컴퍼스'란 뜻이에요!!
곤파스(2010)

당시 태풍이 오는지도 모르고 아무 생각 없이 자고 있었던 콜프.

콜프야, 학교 갈 수 있겠어?
뭔 소리야? 학교를 왜 못…

창밖에 나무가 있었는데요.

없어요.

난생처음 느끼는 태풍의 매운맛에 할 말을 잃고 말았다.

...
그 와중에
밖에 사람이
다닌다는 것에
더 놀라는 중.

밖에 나와보니
바닥에 있으면 안 될 오만 것들이 돌아다니고 있었다.

...
환풍기
창틀
간판

그럼에도 콜프는 학교를 갔어야 했으니…

으악,
버스도
흔들려!
살아서
학교 갈 수
있을까!!
휘
청
1234

그날은 바로 9월 모의고사 날이었기 때문이다.

평가원
흐흐흐
태풍이고 뭐고
시험은 봐야지^^
엉엉ㅠ
휘
청
휘
청

* 여기서 콜프의 나이를 유추하지 마시오.

생명의 위협을 뚫고 학교에 와보니 결석생은 단 3명이었다.

그땐
그랬죠…
학교 안 가면
큰일 나는 줄 알고…

한 명은 가로수가 쓰러지며 집 대문을 막아서 못 오고,

따봉 가로수야
고마워!!

한 명은 머리를 감다가 단수가 돼서 못 오고,

으악!
My
eyes!

한 명은 키우던 송아지가 날아가는 바람에
잡으러 가야 해서 못 왔단다.

으악!!
My
cow!!!

곤파스는 이토록 큰 피해를 남겼지만…

인천 문학경기장이
무너진 짤이 유명하죠…!

* 사진: 연합뉴스

사실 수도권에 큰 피해를 입힌 걸로는 거의 유일무이한 태풍이다.

어이 어이… 그 녀석은
우리 태풍 세계에선
약체에
불과했다고.
뭐어??!!

수도권 사람들이라면 역대급 태풍이라는 소리에 만반의 준비를 했는데
정작 별일 없이 지나가서 의아했던 적이 많을 것이다.

튼
튼

X자 테이프
퍼포먼스까지
준비했는데…
별일
없네…?

반대로 큰 피해를 입힌 태풍이 별일 아닌 것처럼 보도되어
분노한 지방 사람도 있을 것이다.

다행히 큰 피해 없이 지나가…
느그 서울만 다행이지!!!

태풍도 지역 차별의 마수에서 자유롭지 못한 것일까?

곤파스 너! 눈치 없이 스울 양반들께 피해를 입혀?
죄송합니다
죄송합니다

안타깝게도 태풍 또한 수도권 제일론자가 될 수밖에 없는데…

내가 지나면 땅값 떨어진다능!
그래라! 지방만 부숴라, 부숴!
이 이유는 당연히 아니고요;;

그건 바로 수도권이 타 지역보다 북서쪽에 위치해 있기 때문이다.

서울
북서쪽
태조 이성계
허허, 내가 도읍은 참 잘 정했어.

먼저 왜 '북쪽'의 피해가 덜한지부터 알아보자.
이를 위해서는 태풍 에너지의 근원을 살펴봐야 한다.

내가 가진 1.3X10¹⁷J의 에너지?
대략 원자폭탄 10,000배
후후… 가르쳐주지… 그건…!!

태풍의 고향은 위도 5~25° 정도의 열대 해상.

이쯤!
적도

이곳에 넘쳐나는 열과 수증기가 태풍의 에너지원이다.

열
수증기
바로 이것이라구우우우우!!!!

정확히는 수증기가 다시 물방울로 변할 때 내뿜는 열.

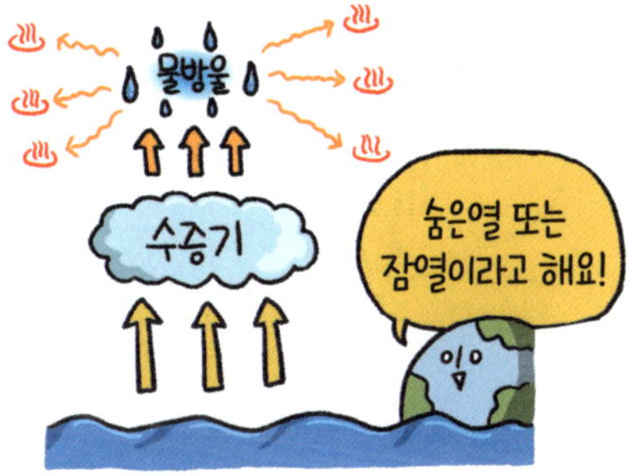
물방울
수증기
숨은열 또는 잠열이라고 해요!

열대 해상에서 엄청나게 두꺼운 구름과 소용돌이를 장착한 태풍은 고향을 떠나 북쪽으로 올라오는데…

가즈아, 북쪽으로!

북쪽으로 올수록 온도가 낮아지면서 증발이 약해지고

자네, 「기체」가
되어보지 않겠는가…
싫어 싫어!
춥단 말이야ㅠ

이에 따라 태풍의 에너지원인 열과 수증기가 적어지기 때문에

으윽…
추워…
목말라
…
어서오세요
북쪽땅

북쪽 육지에 도달하면 태풍은 급격히 힘을 잃고 소멸 수순을 밟는다.

북
남

따라서 태풍이 갓 도달한 남부 지방에 비해

열
수증기
빵
빵
아직 힘이 넘친다구!
메이데이! 메이데이!
남부 지방

북쪽에 있는 수도권의 피해는 덜할 수밖에 없는 것.

열
수증기
쭈
글
별일 없네?
그러게? 대비 다 해놨는데…
수도권
중부

그러나 태풍의 지역 차별은 이뿐만이 아니었으니…

으르릉
뭐? 왜? 뭐?
I♥서울

태풍은 기본적으로 시계 반대 방향의 소용돌이를 가진다.

왜요?
그래서 왜요?
그게 뭔데요?
저기압이라서요.
전향력 때문에요.
지구자전… 겉보기… 오른쪽… 2mvwsinφ…

(내용이 너무 어려우니 생략하겠음.)

그런데 태풍은 남쪽에서 태어나 북쪽으로 이동하는 몸이기 때문에

나의 숙명 …
북쪽에 가는 것…!

광개토태풍

시계 반대 방향으로 회전하며 북쪽으로 이동하는,
마치 발레리나와 같은 모습이다.

이때 태풍의 진로(진행 방향)도 공기의 흐름,

태풍 내부의 소용돌이(회전 방향)도 공기의 흐름이기에

둘을 합친 속도가 곧 태풍의 풍속이 되는데…

태풍은 (모양의 포물선을 그리며 움직이기에
태풍의 전체 진행 방향과 회전 방향을 합쳐보면,

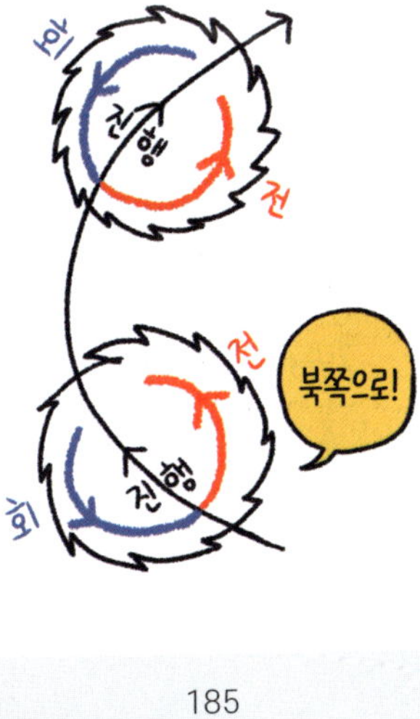

진행 방향과 회전 방향이 일치하는 곳과 반대되는 곳이 생긴다.

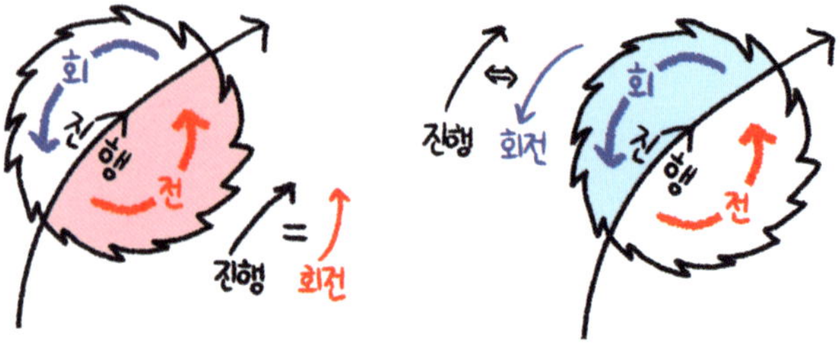
회전
진행
진행 = 회전
진행 ⇔ 회전

내부 소용돌이와 태풍의 진로가 일치하는 곳에서는
시너지 효과가 일어나 바람이 더욱 거세지고

바람이 1+1!
피해도 1+1!
그딴 행사 집어치워!!

이곳을 위험 반원이라 부른다.

반면 내부 소용돌이와 태풍의 진로가 반대되는 곳에서는
상쇄 효과가 일어나 바람이 약해지고

잘한다!!
이쪽이야!!
아냐! 이쪽이야!!
계속 싸워!!

이곳을 안전 반원이라 부른다.

수도권은 안전 반원에 걸릴 확률이 크기에 피해가 적은 편이다.

위험
안전
이게 태풍이야?
으아아아!
태풍 죽어!!!

거의 유일하게 수도권을 위험 반원에 들게 한 태풍이 곤파스였던 것.

난 나의 길을
가겠어!!
안전
위험
서울
나에게 이런 건
네가 처음이야악

안 그래도 서울이 타 지역보다 태풍 피해가 적을 수밖에 없는 마당에
대부분의 방송사가 서울에 몰려 있으니…

뭐야,
그렇게 겁주더니?
방송국
서울
지방

재난 보도가 편파적으로 이루어지는 것도 참 문제다.

낄낄, 이번 태풍
별 거 아니던데요?
왜 호들갑 떨었음?
크흠…
지들 일 아니라고…

하지만 이제는 다른 사람의 아픔도 쉽게 공유받을 수 있는 세상이니

태풍 ○□X
도와주세요
#○△지역 태풍

다음 태풍부터는 다른 사람들의 피해도 함께 살펴보는 건 어떨까?

광
광

END

12

기상청 체육대회 날 비 온 이유

콜프는 지구과학 교사지만 일기예보를 안 본다.

안 봐요.
네?
그냥 안 봐요.
아, 네…
당
당
…

일기예보만 믿고 우산을 챙겼다가 잃어버린 적이 하도 많아서였다.

제가
물건을 좀 잘
잃어버려서;;
대학교 때는
치매예방모임
회장도 했어유 ㅎ
심지어
추대받았음

콜프뿐 아니라 지나가는 사람에게
일기예보가 잘 맞는 것 같냐고 물어보면 십중팔구는…

응 오보청~
기상 중계청~
기상청 체육대회 날
비 오쥬?
아니야! 그건 우리가
체육대회 싫어서
일부러 그런 거야!

물론 백 번 맞혀도 한 번 못 맞히면
그것만 기억하는 게 사람 심리라지만

흑흑…
전 과목에서
한 개 틀렸쩡ㅠㅠ
쟤 때릴까?
때리자.

우리나라 일기예보는 유달리 맞히기 힘든 편이라고도 하는데…

제발
알아줘!!!
기상청
알아달라구
!!!!!
휘잉

오죽 힘들었으면 기상청 사람들이 이런 우산도 만들고…

날씨 맞히기가 너무 힘듭니다

〈기상청 사람들〉이라는 드라마까지 있을까.

송윤돌
박인골프
찐 Jtb*
드라마
기상청
사람들
팬 분들
죄송합니다…

이번 편에서는 기상 예측이 어려운 이유를 살펴보도록 하자.

기상 관련 학과
신설하라!
인적 자원
확충하라!
끌
어
내
질
질
질

일기예보를 하려면 결국 공기의 흐름을 예측해야 한다.

허허… 그게
뭐 어렵다고.
요즘 MZ들도
제갈량 동남풍
알려나?
MZ에
인감함

이 공기가 한 방향으로만 흐른다면 얼마나 좋겠냐마는…

우리가 갈 길은 이쪽뿐이야!
네, 오늘도 여기 공기가 저쪽으로 흐르겠습니다.
일기예보 끝!

우리가 사는 세상은 3D. 따라서 공기는 세 축을 따라 흐른다.

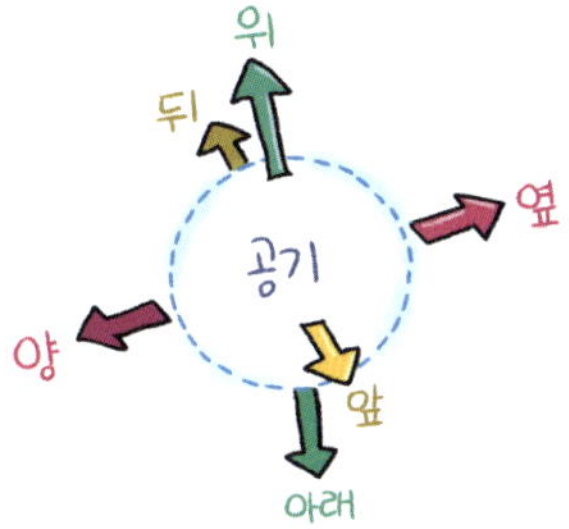
위
뒤
옆
공기
옆
앞
아래

그래도 일반적인 공기의 흐름을 예측하는 공식은…

방정식

놀랍게도 존재하긴 한다.

오오! 그럼 거기 대입만 하면 되는 거 아니에요?
그게…

다만 그 공식이 좀 어렵다.
그냥 어려운 게 아니라 상금 100만 달러가 걸린 밀레니엄 문제다.

이건 뭐 수능 문제 풀자고 아인슈타인 데려오는 꼴이니 …
$\rho\left(\frac{\partial \mathbf{v}}{\partial t}+\mathbf{v}\cdot\nabla\mathbf{v}\right)=-\nabla p+\nabla\cdot\mathbb{T}+\mathbf{f}$
응… 덧셈… 세모… 영어…

* 궁금한 사람들은 나비에-스토크스 방정식을 검색하세요.

가장 기본적인 공기의 움직임도 해석하기가 환장할 노릇인데…

차라리 눈에 보이기라도 하면!!
저… 눈에 보이면 그건 그거대로 이상할 듯요…
기상청

공기의 움직임에 영향을 미치는 요소는 한두 가지가 아니라서…

으아아아
산의 높이 경사 굴곡 개수
길이
대순환
아아아아

이 요소들을 싸그리 모아 '수치모델'이라는 것을 만들어 활용한다.

와르르
수치모델

갑자기 웬 모델이냐고?

말 그대로 우리가 옷을 입은 모습을 예상할 때 모델을 활용하듯
날씨 변화를 예측하기 위해 '수치모델'이라는 것을 사용한다.

-수치모델-
네? 수치요?
전 당당한 게 매력인데요★

아
아
썩은 개그 죄송해요ㅠ

기상청에서 수집한 날씨 데이터를 수치모델에 대입하면,
수치모델이 내일의 날씨를 예측계산 해주는 것.

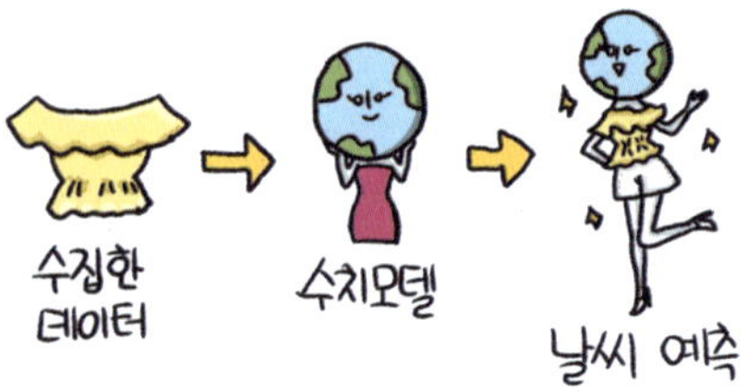

모델에게 옷을 입혀 결과물을 보는 것과 비슷하다.

모델마다 체형이 다르듯
수치모델도 지역마다 포함하는 데이터가 다르다.

데이터는 크게 지리와 지형, 주변 대기 상황 등이 있는데
지리는 위도와 경도, 대륙에서의 위치 등…

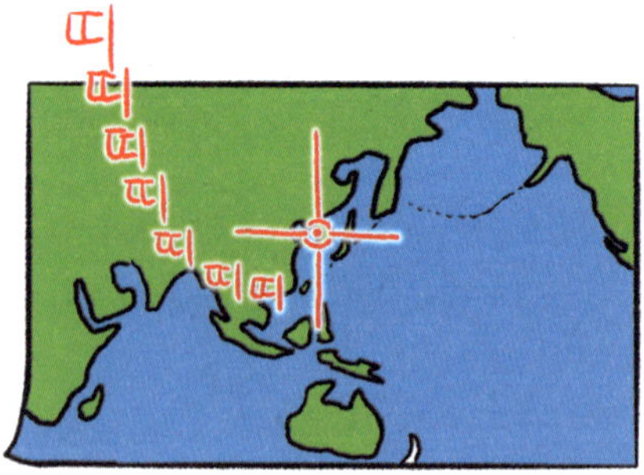

지형은 산과 강과 호수의 위치, 어디에 물이 있고 땅이 있는지 등…

다 공기가
지나는 길이니까요!

주변 대기 상황은 기단, 대기 대순환, 계절풍 등의 정보를 포함한다.

ㅋㅋ
뉴비인가…
물러서라.
여기서부턴 나,
「시베리아 기단」
나와바리다.
그리고 나,
「편서풍」이
널 동쪽으로
보낼 것이다.
공 기

문제는 우리나라 삼면이 바다요…

대륙
우리나라
서해
동해
남해

심지어 서쪽에
대륙이 하나 더 있죠;

산과 강 개수 하면 빠지지 않는 데다가

다들 교가에서
정기 빨아먹던 산
하나씩은 있죠?
모르시겠지만
2절엔 강도
나와요.

중위도에 위치해 계절마저 변화무쌍하다는 점이다.

새벽 (코트)
오전 (긴소매)
낮 (얇은 긴소매,
간혹 반소매)

(심지어 하루 안에 사계절이 공존하기도 함.)

삼면이 바다라는 건 곧
육지와 바다라는 정반대의 표면이 세 군데에서나 만난다는 뜻.

바다
육지
굳건한 대공님의
마음을 적셔보려 합니다

그러다 보니 그 위를 지나는 공기의 성질이 바뀌면서
변화무쌍한 날씨가 나타난다.

예를 들어 차고 건조한 공기가 따뜻한 바다를 만나면

싸늘—
건조—

공기의 성질이 변하며 폭설이 내린다.

아아… 차디찬
대공님의 마음…
따뜻한 바다에
녹아내려
폭설이 되다…

또 산이 많다는 건 곧 공기가 가는 길에 걸림돌이 많다는 뜻이고

전방에
과속방지턱이
126개 있습니다.
으아아
공기

걸림돌 때문에 공기의 흐름이 꼬이면
방향은 더욱 예측하기 힘들어지는데…

괜찮아
!!!
저 걸림돌
전부 계산에
집어넣으면 돼!

콜프 말대로 하려면 컴퓨터도 보통 슈퍼컴퓨터가 필요한 게 아니다.

돈 있어?
없어!!

마지막으로 우리나라는 사계절이 뚜렷한 데다
계절마다 영향을 미치는 기단의 성질도 제각각이다.

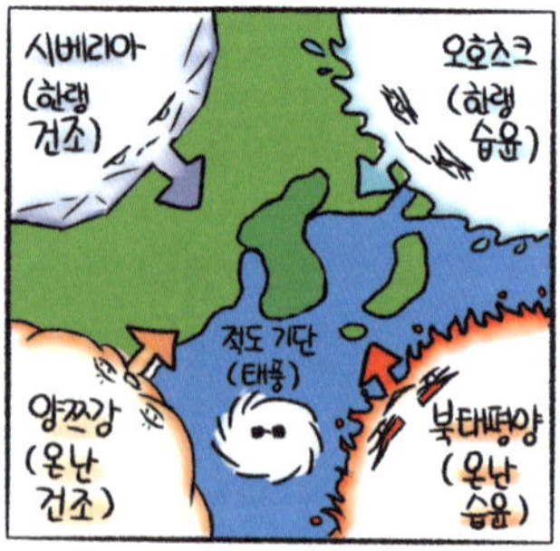
시베리아
(한랭
건조)
오호츠크
(한랭
습윤)
적도 기단
(태풍)
양쯔강
(온난
건조)
북태평양
(온난
습윤)

이 모든 조건이 코딱지만 한 땅 안에 모두 몰려 있으니
일기예보가 쉬울 리 있나.

-신이 우리나라를 만들 때-

아…
산 70개 더
붙여야 하는데…

이런 악조건에도 2020년까지
한국만의 독자적인 수치모델마저 없었으니…

띠용?
아니, 그럼
우리나라 걸 안 쓰고
어디 걸 써요?

놀랍게도 불과 5년 전까지
영국의 수치모델을 우리나라에 맞춰 쓰는 형편이었다.

이리로
오시지요.
가상청
I'm Suchi,
too…
또각
또각

아무리 영국 모델 정확도가 세계 2위라곤 하지만
하필 영국의 모델을 쓴 건 아쉬움이 많이 남는다.

나름 K-패치 해서 썼다구!
먹히는 데가 있고 안 먹히는 데가 있으니까요ㅠㅠ
기상청
쭈굴

한국과 영국은 편서풍 지대라 서쪽 날씨의 영향을 받는데…

동쪽으로 들어오실게요~
서
동
일방통행
-편서풍 지대-
대기 02
대기 01

한국의 서쪽은 육지라 온도 및 날씨 변화가 큰 반면

금방 열받았다가 식었다가… 뭐 이리 온도 차가 커?
육지

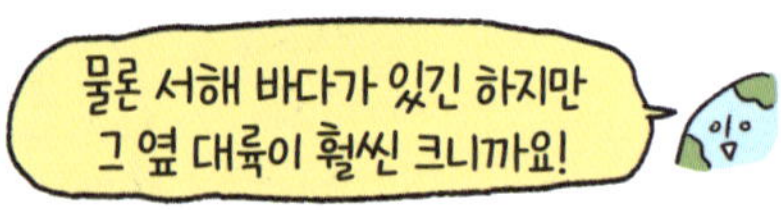
물론 서해 바다가 있긴 하지만 그 옆 대륙이 훨씬 크니까요!

골프 남편 윤돌이
수치모델은 골프랑 다른 사람이야!

영국의 서쪽은 바다로, 한국의 특징과 완전히 반대이기 때문.

바다
또 울어?

* 실제로 매일 비가 온다.

그래도 지금은 KIM이라는 한국 고유의 수치모델을 개발해서
절찬리에 쓰고 있는데

어이, 김 씨~
KIM이라고 불러줄래요?

* KIM: Korea Integrated Model

이제는 또 기후변화가 발목을 잡고 있다.

이놈의 기후변화 때문에…
날씨가 예측이 안돼요 예측이…

일단 달라진 기후에 맞춰 기존 데이터를 싹 뜯어고쳐야 할 판인 데다

저 여기
남아 있고 싶은데
ㅠㅠ
기상청

기온이 높아지면서 어느 한 곳이 부분적으로 달궈지며
그곳에만 비가 오는 현상들도 많아지기 때문이다.

오늘 비는
콜프 집 반만큼만
오겠습니다ㅋ
이걸 어떻게
맞혀!!!!!

고충이 많은 일기예보지만
생각보다 많은 사람의 생업을 거머쥐고 있는 만큼

농사
지역 축제
패션
스포츠
건강

또 마냥 어려움을 이해해달라고만 할 수도 없는 노릇이다.

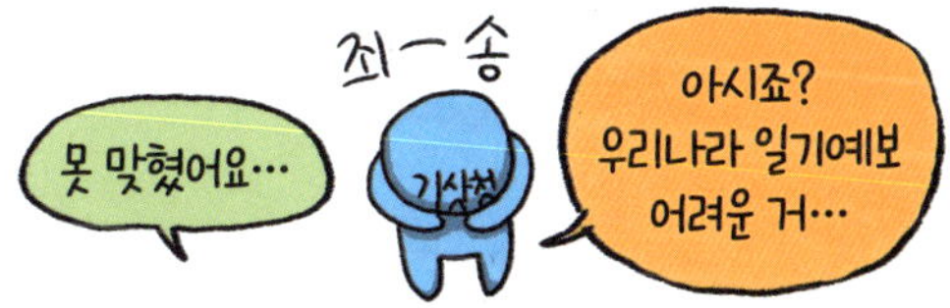
죄ㅡ송
못 맞혔어요…
아시죠?
우리나라 일기예보
어려운 거…

아유, 그럼요.
당연히
이해합니다~
잉
하고 넘기기에는
일기예보의 영향력이
너무 크죠?

더군다나 기후변화로 인한 재난이 더욱 심해질 미래에는…

더 큰 홍수!
더 큰 태풍!

일기예보가 잘못되었을 때

단순히 욕을 먹는 것으로 끝나지 않을 수도 있다.

치이이ᄀ
예상과 달리
강한 바람을
동반한…

기상 예측의 어려움은 결국 돈으로 극복해야 한다.

더 많은 박사!
더 많은 예산!
더 최신
슈퍼컴퓨터!

더 정확한 수치모델, AI 기후예보 개발 및 적용을 위한 물적 투자와

그러려면 우리나라의
기후 빅데이터와
계산을 빠르고
정확하게 해줄
슈퍼컴퓨터가 필요하죠!
슈퍼
두뇌
풀가동!

데이터를 효율적으로 수집하고 해석할 수 있는
인적 자원 개발이 필요하다는 뜻이다.

이 상황에서는
이 지점, 이 지점
온습도 자료 수집하면
될 것 같아요.
이대로라면
구름의 움직임은
…

우리가 기상청에 바라는 것에 비해
기상청에 대한 투자는 한참 못 미치는 상황.

잉잉… 안 그래도 어려운 판국에 기후변화까지 더해졌는데…
기상청
나만 미워해…

그러니 일기예보에 분노하는 날이 오더라도…

또 비 온다 해놓고 안 오지!
시원하다더니… 더워 죽것는디?
넌 헬멧을 벗어;

그들 나름대로 열심히 분투하고 있다는 사실에
한번씩은 응원을 보내보자.

저는 늘 응원하고 있습니다!
파이팅이라고요!!

END

13

기후변화, 인간이 없어지는 게 답일까 (1)

얼마 전 내가 정말 좋아하는 영화 〈킹스맨〉을 다시 봤다.

킹스맨
개인적으로는
2보다 1을 좋아해요!

〈킹스맨〉 하면 뭐가 떠오르는가?

매너가
사람을
만든다

대부분의 사람들은 이걸 생각하겠지만…

콜프는 지구과학 덕후답게 이 영화의 빌런이 제일 먼저 생각난다.

초상권 빔을
맞고 변신
미스터

미스터 발렌타인, 그는 왜 사람들의 머릿속에 칩을 심어놓았는가?

결말에서
아주 환상적인
…
스포일러
금지!!!
금지!!!

많아봤자 지구온난화나 일으키는 인간을
적정 수로 줄이기 위해서였다.

지구를 너무 사랑한 나머지 인간을 없애려 한 빌런…

〈킹스맨〉
미스터 발렌타인
알지?
어떻게 아니?
나와.
사무엘 잭슨이요?

(수업 시간에 얘기하면 꼭 아는 애들이 있는데
어찌 미성년자가 19금 영화를 아는지는 모를 일임.)

정말 인간은 있어봤자 지구에 도움이 안 되는 존재들인가?

인간은…
미움받고
있는 걸까?
삐무룩
미움받을 짓을
하긴 했지?

이번 화에서는 오랜만에 〈킹스맨〉을 본 기념으로
기후변화 이야기를 해보려고 한다.

기후변화,
인간이 없어지는 게
답인가?

점점 심해지는 기후변화.
여러분은 기후변화에 대처하기 위해 무엇을 실천하고 있는가?

쌤은 뭐 해요?
조용히 해.

재활용?
불 끄고 다니기?
전기차?

하지만 이것들이 어떻게 도움이 되는지 알고 있는가?

쓰레기가 줄어들잖아요?
그래서?
오염이 덜 되잖아요!
그건 오염문제지
지구온난화랑은
관계없잖아?

먼저 기후변화, 특히 지구온난화의 원리부터 설명해보려고 한다.

인간이 문제라고,
인간이!!!
미스터
발렌타인
그러니까
뭐가 문제인지
알아야죠!

기후변화에 영향을 미치는 요인은 여러 가지가 있지만

제트기류
...
공전궤도
대기 부유물
반사율
세차운동
자전축

그중 가장 큰 원인은 '온실가스'의 배출이다.

온실 기체

그럼 대체 온실가스가 무엇이고, 어디서 나오는 걸까?

날 알고 싶어?
나도 나도!
CO_2
CH_4

이산화탄소 메테인

비유를 통해 설명드려볼까?
네엥~

여기 겨울날 두 사람이 있다.
1번과 2번 중 누가 더 따뜻할까?

1번
2번

당연히 패딩을 입은 2번이 더 따뜻할 것이다.

전 1번이요!
우리 친구는 병원 갈래, 맞을래?

(실제 콜프는 폭력교사가 아님^^)

패딩을 입은 사람은 왜 따뜻할까?

추위는 막고!
체온은 지키고!

패딩이 이 사람의 체온을 지켜주기 때문이다.

온실 기체가 바로 우리 지구의 패딩이라고 보면 된다.

아이,
따뜻해!
CO_2
CH_4
H_2O
N_2O
두
툼-

온실 기체는 지구가 방출하는 열을 흡수하여
지구에게 되돌려주는 역할을 한다.

히히히, 못 나가!
온실
기체
마…
막혔다!
다시
지구로!

그런데 이 패딩이 점점 두꺼워지면서…

아악!

지구의 체온은 필요 이상으로 점점 올라가고 있는 상태다.

너무… 더워!
푸
슉

그럼 무엇이 지구의 패딩을 더 두껍게 만들고 있는 걸까?

고오오오
인
간
들

바로 인간이 사용하는 석탄, 석유, 천연가스, 다시 말해 화석연료들.

OIL
LNG

이들이 불타면서 배출하는 이산화탄소,
줄여서 탄소가 그 주범으로 지목되고 있다.

인간 놈들…
난 죽지 않는다…
크윽…
이산화탄소로
돌아온다…
ㅂㄷ
LNG
ㅂㄷ

이산화탄소는 대표적인 온실 기체다.

크크, 복수다! 지구를 달궈주지!
CO2

화석연료를 쓰면 쓸수록 온실 효과는 더 심해진다.

물론 온실 기체에 이산화탄소만 있는 것은 아니지만

이산화탄소는 인간 활동 때문에 양이 너무 늘어서 문제인 것.

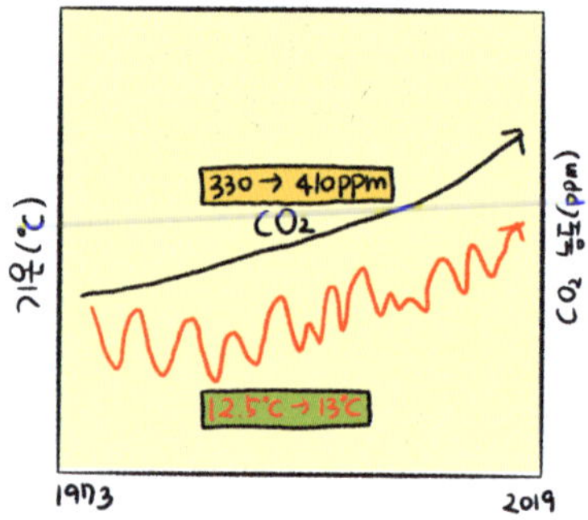

＊ 출처: 관계부처합동(2020)

에너지 사용, 물건 생산, 교통수단 이용 등
인간이 편리한 삶을 누릴 때마다 온실가스는 배출된다.

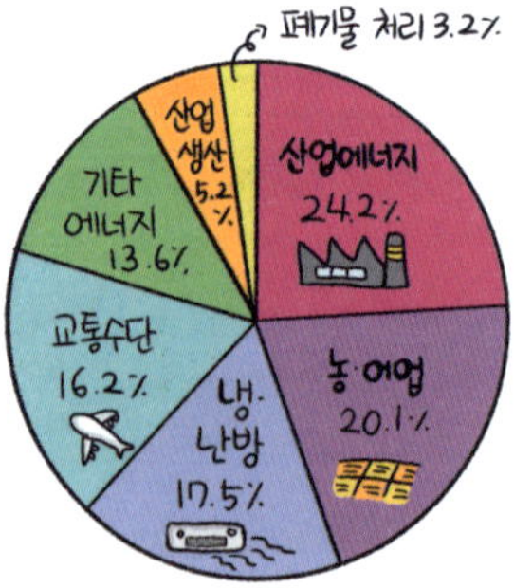

단순히 유행을 따라 멀쩡한 옷을 버리고 새 옷을 사 입는 것만으로 온실가스 배출량은 늘어나며,

필요 이상의 식품을 위해 시행되는 농업과 축산업은 말할 것도 없다. 갈수록 온실가스 발생량은 늘고 지구온난화는 더욱 심해질 것이다.

온실가스는 생각지 못한 곳에서 생겨나기도 한다.
예를 들어 반도체 제작 공정에서는 아산화질소가 발생하고

이산화탄소보다
온실 효과가 310배
강력한 온실 기체죠.
N_2O

도로나 건물에 쓰는 철근의 제작 과정에서도 탄소가 발생한다.

철
용광로
CO_2
아파트
도로
철근
철의 제련:
석탄 용광로 사용

이렇게 우리가 누리는 생활 곳곳에서 온실가스는 배출되고 있다.

느그들 다~ 나 없인
태어나지도 못했어!!!
온실 기체

하다못해 우리는 살아 숨쉬는 것만으로
지구의 산소량을 줄이고 탄소량을 늘린다.

산소
이탄

그럼 결국 인간이 다 없어지는 게 결론이냐?

거봐, 내 말이 맞다니까!
미스터 발렌타인
인간이 문제야, 문제!

아니다.
그건 도망일 뿐이다.

온실가스를 늘린 게 인간이라면 줄일 수 있는 것도 인간이다.

어우, 좀 살 것 같네.
온실가스
패딩
잉

지금 당장 온실가스를 감축하기 시작해도
지구 온도는 21세기 말까지 1.3℃가 오른다.

감축 안 하면요?
4℃ 올라가고
다 죽는 거지…
궁금하면
"RCP 시나리오"
검색 ㄱㄱ

그렇다면 우린 어떻게 탄소 배출량을 줄일 수 있을까?

치료가 필요할 정도로 심각한
'탄소 과다' 상태입니다.
흥, 웃기는 소리.
내 이산화탄소
맛 좀 볼래?
CO_2

END

14

기후변화, 인간이 없어지는 게 답일까 (2)

탄소 배출량, 어떻게 하면 줄일 수 있을까?
해답은 역시 간단하다. 우리가 누리던 것을 조금씩 내려놓으면 된다.

인간이
저지른 일은
인간 손으로
감당해야죠.

물건을 덜 소비하여 공장 가동을 줄이고,

CO_2
생산
폐기
CO_2

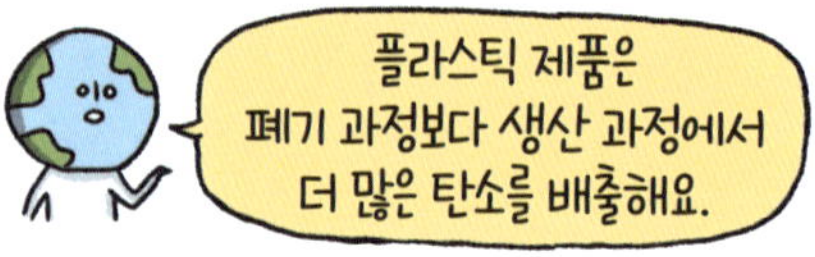
플라스틱 제품은
폐기 과정보다 생산 과정에서
더 많은 탄소를 배출해요.

에너지를 덜 소비하여 발전소 가동을 줄이고,

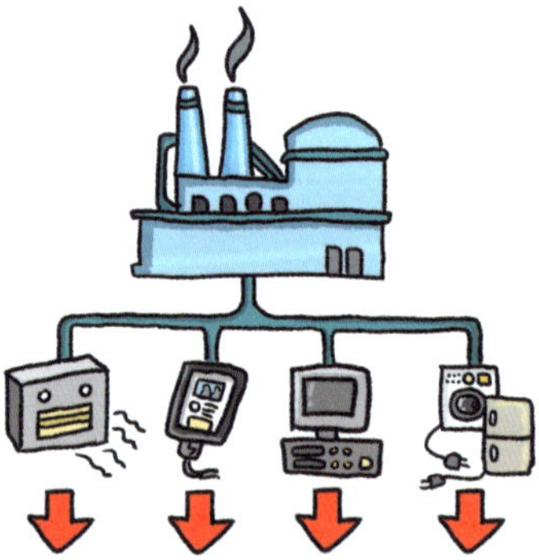

유튜브를 10분 덜 보면
탄소 1g을 덜 배출할 수 있어요!

대중교통이나 전기차를 이용하는 등의 내려놓음 말이다.

전기 만들 때도
탄소 나온다면서요?
대신 탄소 배출원이
발전소 한 곳으로
제한되니까!

재활용, 재사용 또한 같은 의미다.
물건의 소비를 최대한 줄이는 것이다.

난 일회용 컵
안 쓰고
텀블러 써!
그러니까 이런 건
의미가 없겠죠…

그러면 꼭 이런 사람들이 나오기 마련이다.

미국, 중국 공장에서
이산화탄소
펑펑 뿜는데
나 하나 노력한다고
뭐 돼? 몰라 안 해!

기후변화가 미국, 중국 공장 책임이라고 말하는 사람들에게는
두 가지 사실을 알려주고 싶다.

우
우우
흠흠

첫 번째, 미국이나 중국 공장이 가동을 확 줄여버리면,

죄송합니다만
휴지는 이거
한 종류밖에…
아…
이건 까슬한데…

지금처럼 마트에 물건이 넘쳐나고
인터넷 쇼핑몰에서 언제든지 물건을 살 수 있는 상황은 꿈도 못 꾼다.

지금 우리가 세계의 물건을 빠르고 값싸게 손에 넣을 수 있는 건
그 공장들이 쉴 새 없이 돌아가는 덕분이다.

미국.
중국
전 세계

각국의 공장이 과연
그 나라 물건만
생산할까요?

나라와 기업 단위로 탄소 배출을 줄이면
결국 개인의 불편함으로 되돌아온다.

공장가동 규제로
칫솔. 치약은
한 종류씩만 팝니다
스스로 절제하냐,
강제로 절제하냐의
차이죠…

그리고 두 번째, 한국의 인당 탄소 배출량은 결코 적지 않다.

아닌데!
우리나라는 분리수거 왕국인데!
그럴 리 없는데!

2023년 국제환경단체 기후행동추적, CAT에서 조사한
세계 인당 탄소 배출량 순위를 보면

나야 산유국이니...
1위
뭐... 그럴 줄...
3위
내가 왜 여기 있어?
6위
의외네?
8위

한국은 중국보다도 앞선 6위를 차지했다.

우리나라에 발전소와 공장이 생각보다 많기도 하거니와
생활 수준이 선진화된 만큼 에너지 및 자원 소비량도 많은 것이다.

에어컨: 전기
→ 화력 발전 → 탄소
TV: 전기
→ 화력 발전
→ 탄소
배달 음식:
배달→
오토바이→
탄소
피자: 고기, 밀
→ 농.축산업
→ 탄소

그러니 기후변화는 남의 얘기가 아니라
우리 스스로 해결해야 할 핵심 과제다.

그렇다고 기후변화를 개개인의 책임으로 돌린다는 뜻은 결코 아니다.

네가 콘센트
안 뽑아서야!
네가 냉난방
펑펑 돌렸잖아!
종이 빨대
외않써!

하지만 확실한 건 기후변화에 대한 우리의 태도는
다 끝났다는 종말론이나 염세주의가 아닌,

에라 모르겠다~
어차피 망함~
크크… 인간을 파괴한다…
삐
X

우리가 만든 위기는 우리 손으로 극복하자는
다짐과 노력이어야 한다.

우리손으로 맨든지구

물론 인간을 별로 믿지 않는 과학자들도 있다.

열심히 탄소 줄이라고 해봤자 뭐 함?
그거 전 세계 조별 과제 아님?

이들은 기후변화를 과학으로 해결하는 '지구공학' 연구에 매진한다.

빛 반사 물질 살포
이산화탄소 포집·저장
우주 반사판 설치

또, 탄소 배출을 줄이고도 에너지를 얻을 수 있는 신기술을 개발하는 데 몰두하는 사람들도 있다.

수소 연료 전지는 어때?
더 적은 탄소로 더 많은 에너지를!

물론 이 기술이 혁신을 가져다줄 수도 있겠지만, 상용화되기까지 오랜 시간이 걸린다.

만세! 드디어 개발했다!
신기술
황-량
골프 (285세)

지금 당장 할 수 있는 건 힘을 합쳐 기후변화에 대응하는 일이다.

엥? 저희가요?
저희는 미물인디요?
저희가 힘을 합쳐봤자 뭐 되나요?

개인의 힘은 약하지만,
기업과 국가에 행사할 수 있는 영향력은 분명 있다.

기업엔 소비로!
국가엔 투표로!
₩
투표함

기후변화 대응 정책을 촉구하고,
친환경 기업에 더 많은 이득을 가져다주는 것.

SHUT UP&TAKE MY 돈&표!
YEAH~
친환경 정책
친환경 기술

이것이 불러올 덜 풍요로운 세상에 대한 각오 또한 필요하다.

전기세가 50만 원?!
고기 반찬은 왜 안 나와?

편리함을 누리면서 기후변화를 막을 방법은 없다.

기업과 국가에
책임을 묻되
그것이 개인의
책임 회피로
이어지면 안 되겠죠.

개인의 노력이든, 기업과 사회의 노력이든
기후변화 방지는 우리 모두가 조금씩 짊어져야 할 숙제다.

기후위기

END

번외 1. 지구온난화는 자연적? 인위적?

기후변화 논쟁에서 가장 많이 걸리는 태클은
'기후변화는 자연적 현상 아니냐?'라는 것이다.

현재의 기후변화는 자연적 현상 아닙니까?!

이미 과학자들에 의해 논파된 지 오래지만 한 번 더 말해보겠다.

쾅

사실 지질시대 전체의 기온변화 그래프를 보면
그런 말이 나오는 것도 이상하진 않다.

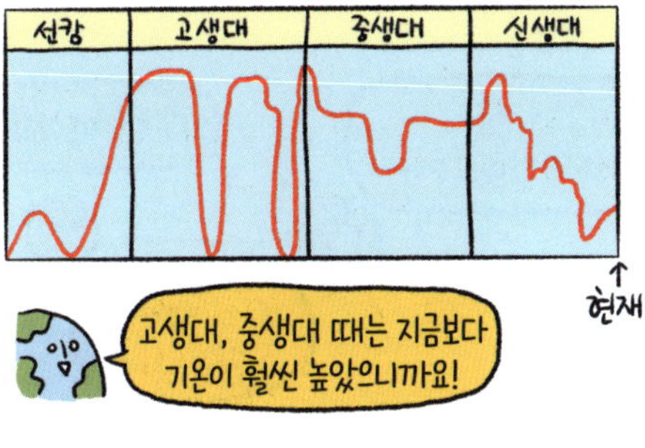
선캄
고생대
중생대
신생대
현재
고생대, 중생대 때는 지금보다 기온이 훨씬 높았으니까요!

하지만 신생대 막바지의 기온변화 그래프를 보면 얘기가 달라진다.

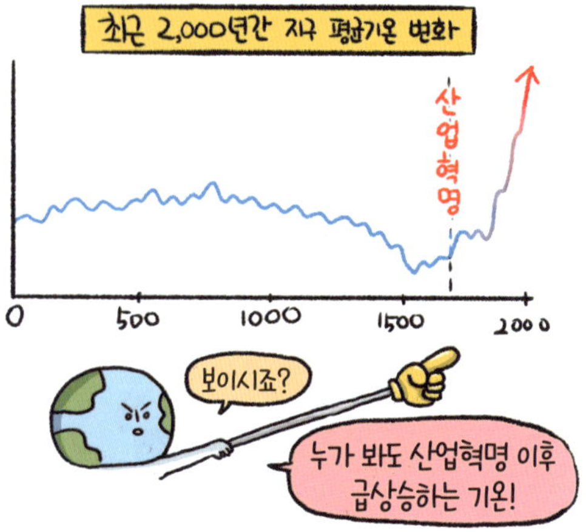
최근 2,000년간 지구 평균기온 변화
산업혁명
0
500
1000
1500
2000
보이시죠?
누가 봐도 산업혁명 이후 급상승하는 기온!

매년 기후변화에 관한 정부 간 협의체, IPCC에서는
기후변화 보고서를 내놓는데

IPCC
기후변화
보고서

당연히 인위적 요인뿐 아니라 자연적 요인도 함께 고려한다.

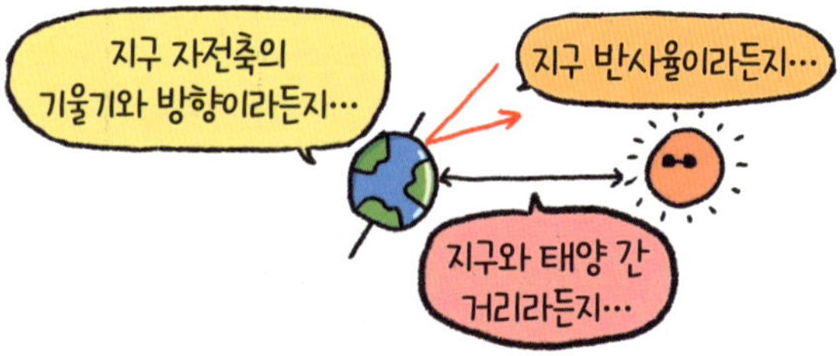
지구 자전축의 기울기와 방향이라든지…
지구 반사율이라든지…
지구와 태양 간 거리라든지…

그렇게 종합적으로 조사한 보고서에서조차
최종적으로 지구온난화는 인간 행동의 결과물이라고 못박았다.

실드를 치려고 해도
칠 수가 없네…

그러니 어떻게든 눈을 돌리고 책임을 회피하기보다

아아아아아아아
안 보여~ 안 들려~ 에베베

인간의 과오를 인정하고
더 이상의 악화를 막기 위해 노력하는 것이 더 중요하지 않을까.

솔직히 선조들의 과오 아닌가요?
그걸 바탕으로 누리고 있는 것도 많으니…
이러저래 내려놓아야 한다는 말씀!

번외 2. 지구온난화에 대한 오해

여기 나열된 것들 중 지구온난화와 관련 없는 것은 무엇일까?

바로 오존층 파괴와 미세먼지다.

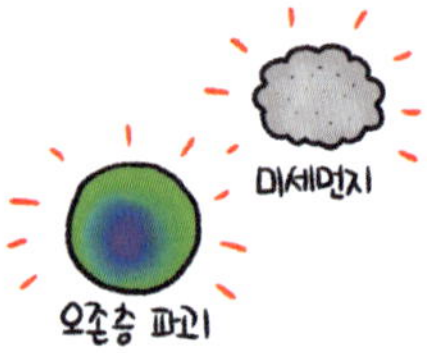

오존층 파괴의 경우,
주원인인 프레온 가스가 매우 강력한 온실 기체긴 하지만

오존층이 파괴되면 자외선 차단이 어려워져서 문제일 뿐
지구의 기온이 높아지지는 않는다.

오 존 층
자 외 선
히히히
쟈들은 사람 피부
태우는 데 관심 있지
온난화엔 관심 없으여…

미세먼지의 경우,
호흡기 깊숙이 들어와 여러 질환을 유발해서 문제인 것이지

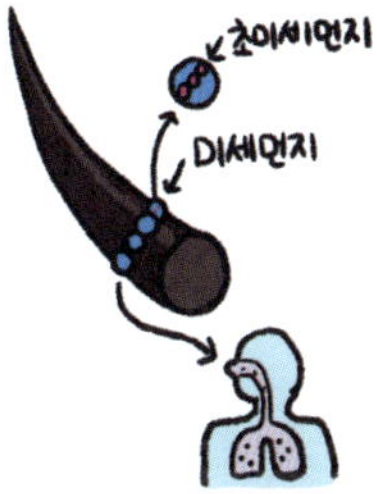
초미세먼지
미세먼지

같은 대기 문제라는 것 빼고는 지구온난화와 상관없다.

오히려
심한 미세먼지는
햇빛을 차단시켜
기온을 낮추죠!

15

생명을 위한 단 하나의 행성

여기,
우주가 있습니다.
무슨 뇌 구조
같죠?
이 안에 아주 작은 티끌,
우리은하가 있습니다.
이 페이지 속
원자 크기 정도로 존재
점 찍느라
팔 아파 죽겄네;;
복붙했잖아여.
조용히
안 해?

좀 더

다가가

볼까요?

-우리은하-

저 한구석에 우리 태양계가 보이네요.

그곳에서도 꼴찌에서 네 번째 크기인 지구.
태-하!
우리 쪼꼬미들이야!
귀...귀여워..!
수성
화성
금성
지구
어머 무슨 일이죠?
저 쪼만한 지구 위에서 80억 인간이 지지고 볶고 있네요.
그만들 좀 싸워!!!
80억 명만으로는 부족했는지 인간은 외로워합니다.
...

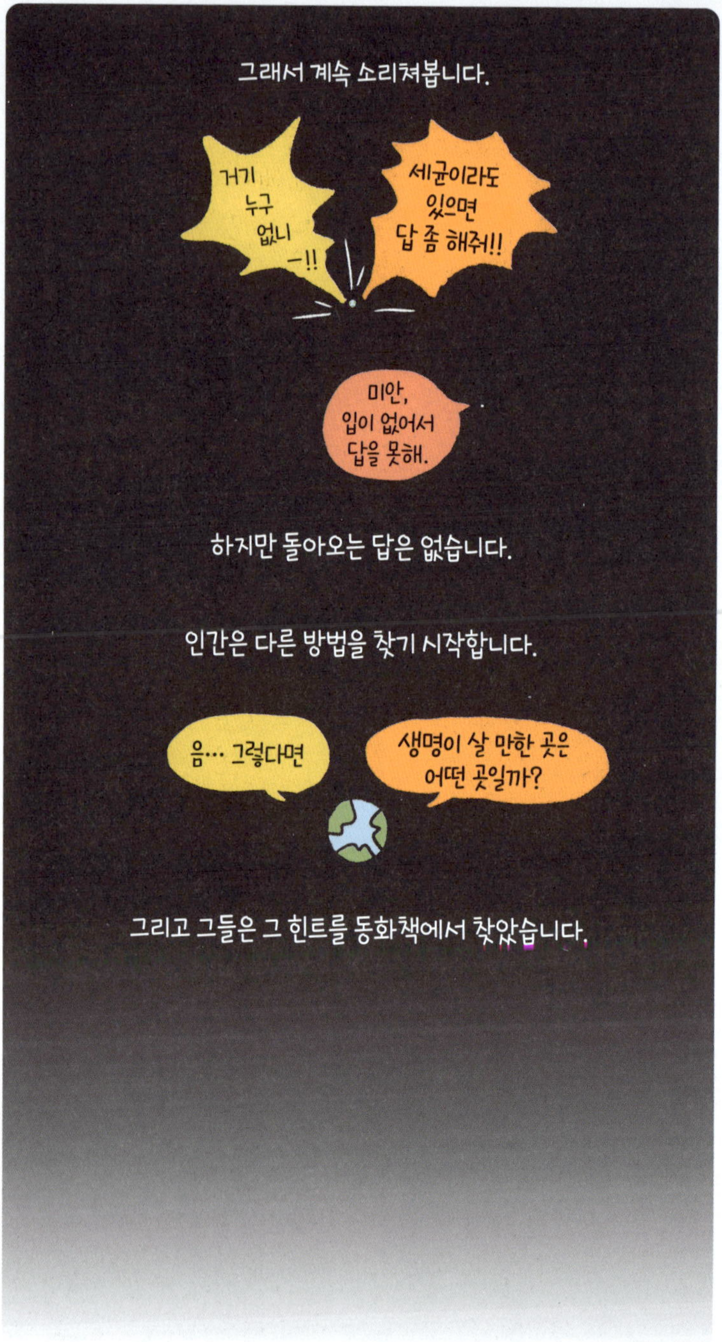
그래서 계속 소리쳐봅니다.
거기 누구 없니-!!
세균이라도 있으면 답 좀 해줘!!
미안, 입이 없어서 답을 못해.
하지만 돌아오는 답은 없습니다.
인간은 다른 방법을 찾기 시작합니다.
음… 그렇다면
생명이 살 만한 곳은 어떤 곳일까?
그리고 그들은 그 힌트를 동화책에서 찾았습니다.

골디락스와
세 마리의 곰
Goldilocks & three bears

옛날 옛날 한 숲속에서

'골디락스'라는 금발의 소녀가 길을 잃었어요.

한참을 걷던 중 저 너머에 흐릿하게 오두막집이 보였고

지치고 배고팠던 골디락스는 신나게 그 안으로 뛰어갔어요.

오두막 안에는 아무도 없었어요.

먹음직

대신, 맛있어 보이는 수프 세 그릇이 식탁 위에 있었죠.

너무 배가 고팠던 골디락스는 주인이 올 때까지 기다리지 못하고 수프 한 스푼을 뜨고 마는데…

아~

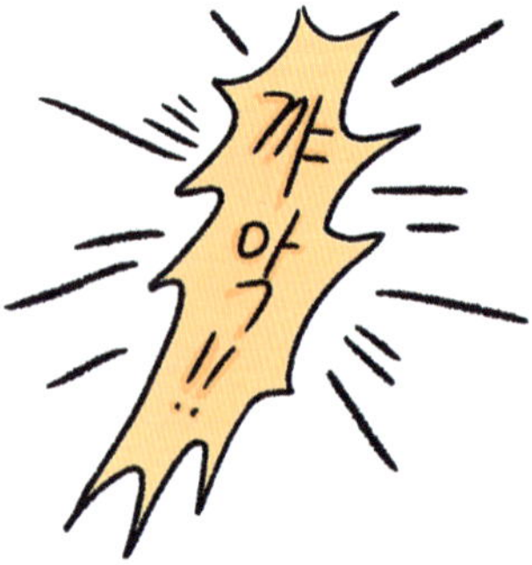
꺄악!!

이럴 수가! 수프가 너무 뜨거운 것이었어요!

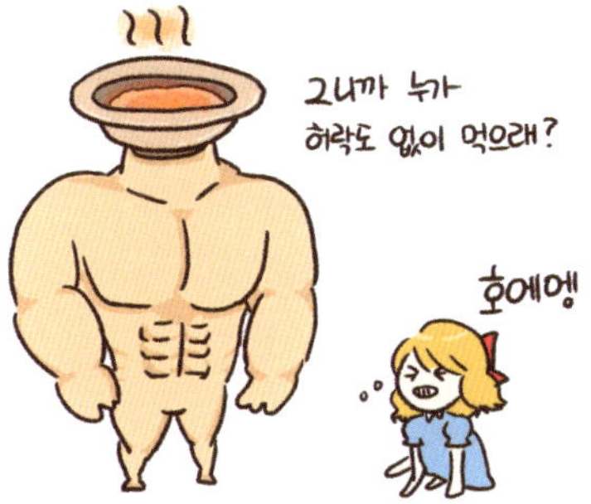
그니까 누가
허락도 없이 먹으래?
호에엥

정신 못 차린 골디락스는 뒤이어 두 번째 수프 절도를 시도했지만
이번에는 너무 차가워서 도저히 먹을 수가 없었어요.

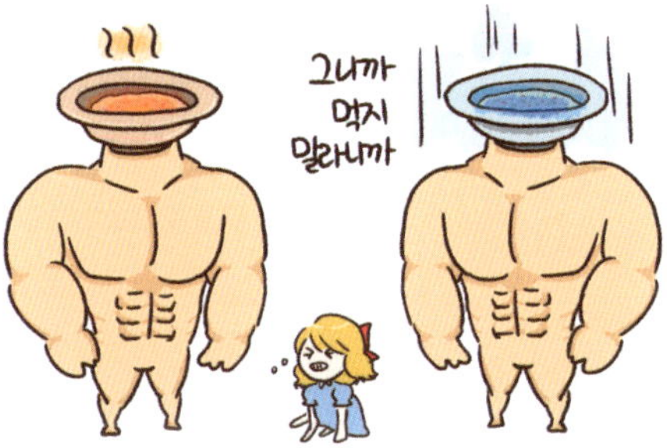
그니까
먹지
말라니까

다행히 (수프 주인에겐 불행히)
세 번째 접시는 뜨겁지도 차갑지도 않아서

골디락스는 세 번째 접시를 맛있게 먹어치웠답니다. 끝!

…뜨겁지도,
차갑지도 않은,
적당한
골디락스의
세 번째 수프처럼
…

생명을 품고 싶은 행성은 너무 뜨겁지도, 차갑지도 않은
'적당한' 온도를 갖춰야 한다.

어느 정도가 '적당한' 온도인고 하니, 답은 '액체 상태의 물'에 있다.

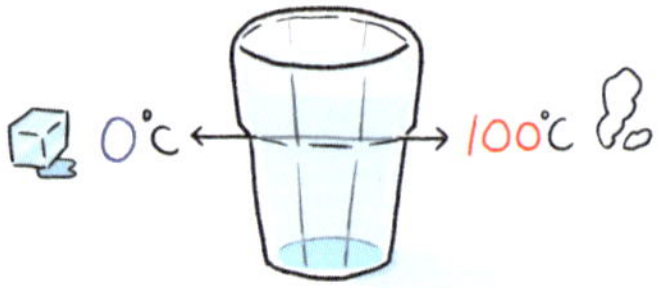
0°C
100°C

왜 하필 액체 상태의 물이 필요할까?

불 인간
있을 수 있잖아요!
얼음 인간도
있을 수 있잖아요!

액체는 물질을 쉽게 운반하는 유동성을 가지면서도,
온도나 압력에 쉽게 변하지 않는다.

뜨거우나~
물질
물질 배달의 민족
차가우나~

더구나 물은 다양한 물질을 녹여 품을 수 있는 좋은 '용매'다.

그래서 수많은 화학 반응으로 현재 상태를 유지해야 하는 생명체에게

'액체 상태의 물'은 필수적인 것.

그러나 대부분의 항성, 즉 별들의 표면 온도는 최소 1,000℃ 이상이다.
여기서 항성들은 예선 탈락이다.

가슴이 뜨거운 것도
죄입니까!
생명에겐
죄입니다…

그렇다고 항성에서 너무 멀리 떨어져서도 안 된다.

쩌
엉
항성 없이
잘 살아보겠다던
가출 행성
이곳에 잠들다

별빛을 받지 못하는 우주 공간의 온도는
절대영도 근처(-273.15℃)까지 떨어지기 때문이다.

즉, 0℃~100℃의 온도를 띠는 항성 주변 극히 좁은 구간,

불 지옥
얼음 지옥

이 축복받은 구간의 이름을 '골디락스 존',
우리말로는 '생명 가능 지대'라고 부른다.

우리가 이 지구에서 태어나 삶을 이어나갈 수 있는 건
지구가 이 생명 가능 지대에 있기 때문이다.

생명당첨
골

이 사실만으로도 지구는 충분히 기적의 행성이지만,
이것은 지구가 가진 행운들 중 극히 일부에 불과하다.

지구의 중심별 '태양' 또한

크고 뜨겁
작고 차갑

생명체를 길러내기에 최적의 별이다.

생명이 사는 데 태양이 필수 불가결하다는 사실은 모두가 알 것이다.

태양…
없어…
너무…
추워…

그러다 보니 생명 입장에서는
태양의 만수무강을 기원할 수밖에 없는데…

니네 알지?
나 아니면 다 죽는 거?
아 예예
그니까 있을 때 잘해라?

다행히 태양은 별들 중에서 그나마 오래 사는 축에 속한다.
밝기를 좀 포기한 대신 수명을 택했기 때문.

장수의 비결?
크게 욕심 안 내고…
밝기에 연연하지 않고…

태양은 별의 온도 8단계 중 노란색 5단계에 해당하며,
밝기는 +5등급 정도다.

(파랑) 높은 온도
(빨강) 낮은 온도
O B A F G K M
요기
5등급? 애개…
인서울도 못 하겠네…
태양

참고로 도시 밤하늘에서 볼 수 있는 별들의 평균 절대등급이
약 -1.95등급, 쉽게 말해 태양보다 약 500배나 밝은 정도다.

직접 계산해서 알아낸 수치랍니다^^
에헴
별들의 SKY
우드득

태양이 다른 별들과 비슷한 거리에 있다면,
시골은커녕 몽골에 가도 보일까 말까 할 거다.

어-이
동네 잘못 들었어?
5등급따리가
밤에 빛나고 싶다고?
어림 없지!

별이 밝고 클수록 연료를 태워대는 속도는 급격히 빨라진다.

스타의
삶!
불꽃처럼
태우다 가리!
번아웃?
그게 머여
푸시식
애초에
타오른 적이 읎서

그래서 별의 일생은 굵고 짧든가, 가늘고 길든가 둘 중 하나다.

크고 밝은 별의 일생은 굵고 짧아
생명의 탄생을 볼 때까지 버티기 어렵다.

여보,
안 돼요!
우리 생명이는
보고 가야지!
1억년만
기다려 ㅠㅠ

그렇다고 무조건 작은 별이 좋은 것도 아니다.
별이 너무 작으면 생명 가능 지대도 그만큼 좁아진다.

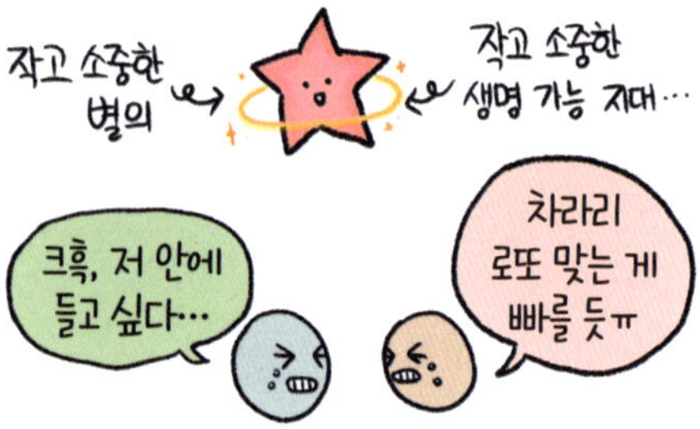
작고 소중한 별의
작고 소중한 생명 가능 지대…
크흑, 저 안에 들고 싶다…
차라리 로또 맞는 게 빠를 듯ㅠ

만약 행성이 로또 당첨에 가까운 가능성을 뚫고
작은 별의 생명 가능 지대에 안착하더라도 문제는 남아 있다.

사랑해
나두

행성과 별이 너무 가까워서 인력이 강해지면
이렇게 행성의 한쪽 면만 별을 향하게 된다.

나만 바라봐

전문 용어로 '조석 고정'이 일어난 행성은 아포칼립스물 그 자체다.

난… 너만
바라볼 거야…
으아악
커플 죽어
영원한 낮
(불 지옥)
영원한 밤
(얼음 지옥)

태양은 그 어느 쪽으로도 삐끗하지 않은,
참으로 이상적인 중심별이다.

중심별로
모시겠습니다.
허허, 앞으로
50억 년만
더 해먹으마.

이렇듯 지구는 적절한 중심별의 적절한 온도 지대에 당첨된 데다

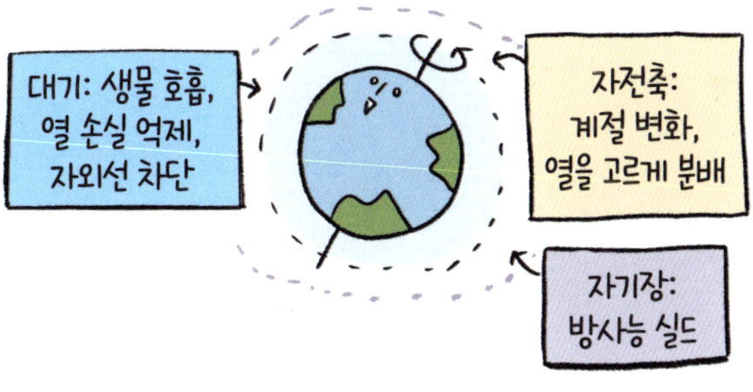
대기: 생물 호흡,
열 손실 억제,
자외선 차단
자전축:
계절 변화,
열을 고르게 분배
자기장:
방사능 실드

적절한 중력, 적절한 대기와 자기장, 적절한 자전축 기울기 등등

그야말로 생명수저를 물고 태어난 거다.
어쩌면 우주에 단 하나뿐일지도 모르는.

왜 생명 안 만들어?
귀찮아서?
삐-
허허 다무시오 태양계 강퇴 당하기 전에
허허 생명은 가지셨으나 인성은 어디 갔는지

이처럼 지구과학을 알면 알수록 더 깊게 실감하는 사실은

지구의 크기는 우주에 비하면

인간

실로 먼지나 다름없지만,

그 먼지 같은 지구는 이 드넓은 우주에서 둘도 없는 특별한 행성이며,

"A PALE BLUE DOT"

그 위에 태어난 우리는
상상 이상의 행운과 특별함을 타고난 존재라는 것이다.

어느 일본 X(구 트위터)에서 이런 글을 봤다.

공부란,
세상의 해상도를
높이는 일이다!

공부를 하며 지식이 늘어갈수록
그냥 지나쳤던 현상도 더 자세히, 새로 보인다는 뜻이다.

공부 전
아, 더워!
공부 후
온난다습
북태평양
기단이군.

(친구는 다소 사라질 수 있음.)

좀 더 유명한 사람의 명언을 빌려보자면,

푸애앵
앙리
푸앵카레

"과학자는 자연이 쓸모 있기 때문에 연구하는 게 아니다.
그 아름다움에서 희열을 느끼기 때문이다.
만약 자연이 아름답지 않다면 알 가치도 없다."

"만약 자연이 알 가치가 없다면,

ㅋㅋ 난 자연
1도 안 아름다운데?
합법적 과학
포기 ㅇㅈ?

으아악

인생 또한 살 가치가 없다."

유튜브 영상 화질도 144p보다는 8K가 보기 좋듯이,

지학 공부 전
산은 산이요
물은 물이로다
지학 공부 후
흐앗!
아름다워!

지구도 자세히 들여다볼수록 더 아름다워 보이지 않을까?

그래서 나는 학생들이 수능 1등급을 받는 것도 좋지만,
이런 지구의 소중함과 아름다움을 알아가기를 가장 바란다.

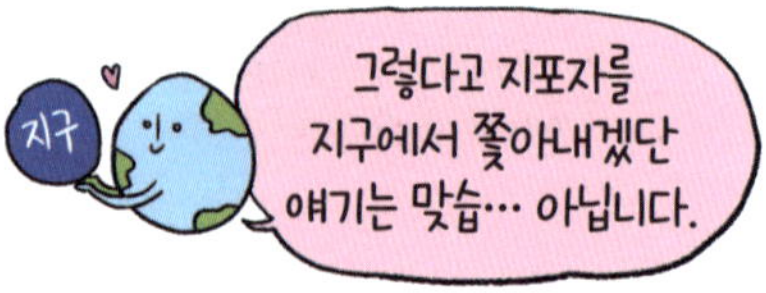
지구
그렇다고 지포자를
지구에서 쫓아내겠단
얘기는 맞습… 아닙니다.

END

16

별은 우리가 볼게, 역법은 누가 만들래?

2019년. 나의 교사 4년 차 시절.

삐약
삐약
골프 (2019.4년 차)

그 시절 나는 그저 순수한 교사

크윽…
따.분.하.달.까…
학년 초
중간
기말
2학기
중간
기말
생기부

…라기엔 너무 일찍 매너리즘에 빠져버린 상태였다.

신규 때까지만 해도 지구과학 뽕에 깊이 심취해 있었지만,

솔직히 지학은 이과도 아니지~
그거 화학, 물리 못해서 돌리는 거 아님?
실제로 들은 말
응 아니야~ ㅋㅋㅋ
응 하기 싫음 말어~
후훗… 알못들…
지학에 돌 던질 자 지구를 떠나라.

매년 똑같은 내용을 매년 이해 못하는 학생들에게 가르치자니
수업 내용은 점점 단순해져갔고,

이 공식을
제대로
이해하려면~
?
몰?루
ㄹㅋㅋ

n년 후

야, 116p 5번 공식
시험에 안 나온다.
안 듣고 있다가 나중에
물어보기만 해봐라.
아 아아아
필기
필기
ㅋㅋㅋ

슬슬 임용 때 열심히 공부해놓은 내용도 까먹어가려는 찰나…
나의 학구열에 다시 불을 붙여준 영화가 있었으니…

바로 〈천문: 하늘에 묻는다〉였다.

WANTED
- 방화범을 찾습니다 -
크크
용의자 1
·이름: 천윤
·죄목: 방화
·특이사항: 콜프의 학구열에 불을 지피고 도망감
크크
용의자 2

명배우들로 채운 화려한 캐스팅 라인업.

(열심히 그렸음. 제발 믿어주셈.)

혼천의와 앙부일구 등
지구과학 역사에도 한 획을 그은 장영실과 세종대왕 이야기.

혼천의
앙부일구

(배우 그리다가 힘 다 빠짐. 죄송ㅠ)

거기다 제목까지 대놓고 천문?
이건 그냥 무조건 보러 오라는 뜻이 아닌가.

'뜬금없이 천문 영화에 웬 장영실?' 이라고 생각할 수도 있겠지만

아니, 장영실 하면
시계 아닌가요?!
물시계
해시계

바로 그 시계가 천문과 엄청나게 관련이 깊은데…
이건 나중에 따로 다뤄보도록 하고.

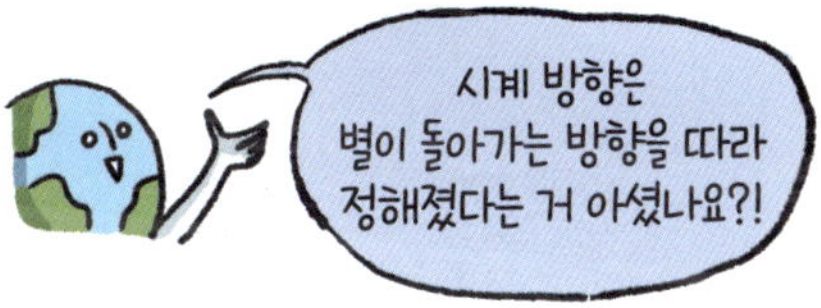
시계 방향은
별이 돌아가는 방향을 따라
정해졌다는 거 아셨나요?!

어쨌든 오랜만에 나온 지구과학 영화라니
지구과학 뽕이 슬금슬금 다시 차오르는 게 느껴졌다.

이건…
이건…
된다…!
푸
MAX
슉
지학 뽕
치사량

그렇게 개봉 첫 날 달려가서 본 영화는…

…
영

'천문… 영화가… 아닌 것 같은데…?'

오직 과학 말고는 아무것도 모르는 순수한 영실과

전하!
제가 요번엔
이런 것도
만들었사옵니다!
영실

그런 영실이 기특하면서도 묘하게 신경 쓰이는 세종대왕…

과학밖에
모르는 영실…
왠지…자꾸만
챙겨주고 싶은 영실…
세종

가까워질 듯 말 듯, 닿을 듯 말 듯
그 미묘한 분위기…

최민식 배우가 순수한 과학바보 영실로 나오는데

열심
열심
영실
세종
아… 안 돼…
내가 과학 좀 좋아하면 안 되냐?
내가 과학 좀 좋아하면 안 되냐고?

안타깝게도 내가 〈악마를 보았다〉를 본 지 얼마 안 된 시점이라
몰입이 어려워서 죄책감이 들었다.

그래도 과학 내용을 기대하며 영화를 유심히 보았는데…

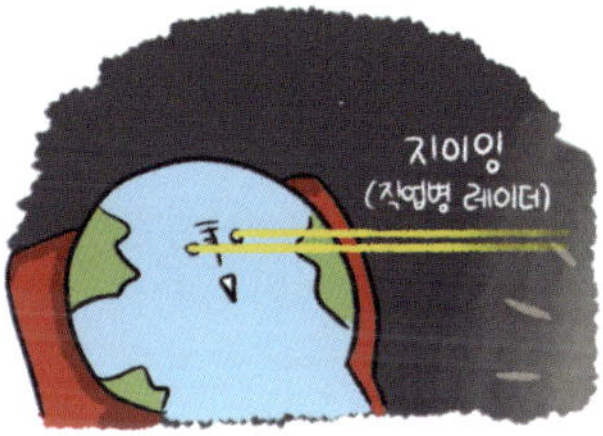
지이잉
(작업명 레이더)

영화 분위기는
〈천문〉이 아니라 〈왕의 남자〉가 맞지 않을까 싶게 흘러갔다.

나 여기 있고~
너 거기 있지~
까륵
까륵
영실
세종

영화가 무르익기 시작하자 이제는 영실과 세종이 돗자리에 누워 〈이터널 선샤인〉을 찍기 시작하는데…

세종이 영실에게 묻는다.

"저 많고 많은 별 중 어느 것이 내 별일까…?"

영실이 답한다.

"별 중에 가장 높은 별…
북극성이 전하의 별이라고 생각되옵니다."

···?

가.장.높.은.별···?

으아아아아

북극성은 가장 높은 별이 아니야!
아니라고!!!!!

바둥바둥

그냥 북극에서 안 움직일 뿐이야!
북극은 꼭대기가 아니라고!

떼잉

어차피 누워서는 못 봐!
근방에 5층 빌라라도 있어봐!
그럼 서서도 안 보여!

아, 실수.
조선시대에는 빌라가 없었지.

그래도 어쨌든 가장 높은 건 아니라고오오오오오오!!!

많이들 착각하는데 북극성은 머리 꼭대기에 있는 별이 아니라 천구의 '북극'에 있는 별이다.

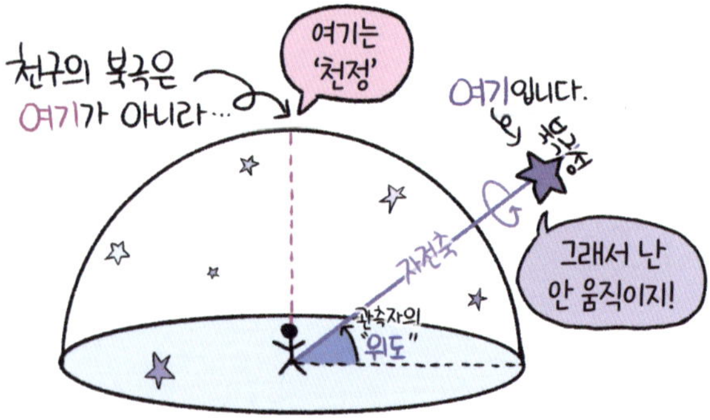

천구의 북극은 여기가 아니라…
여기는 '천정'
여기입니다.
북극성
그래서 난 안 움직이지!
자전축
관측자의 "위도"

그럼 천구의 북극이 어디냐고?
지구의 북극 위, 다시 말해 자전축 위다.

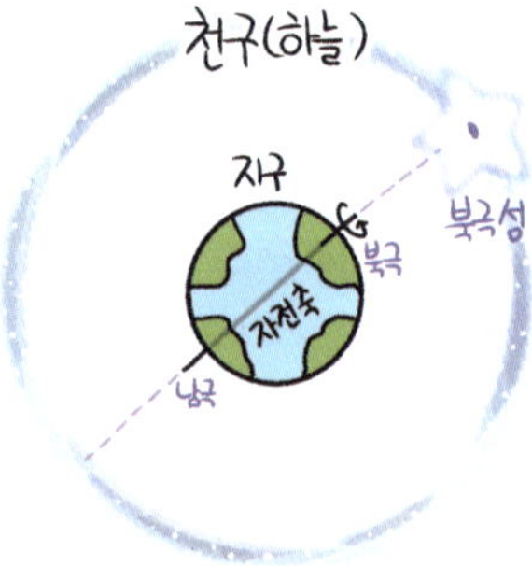

천구(하늘)
지구
북극
자전축
남극
북극성

북극성은 자전축 위에 있기에 거의 움직이지 않으며,
별들은 그 주위를 돈다.

우산을 돌릴 때 중심의 꼭지가 제자리에 있는 것처럼 말이다.

그래서 왕의 별이라고 한 것 같은데… 문제는 북극성이 보이는 위치다.

북극성의 고도는 관측자의 위도와 동일한데,
서울의 위도는 많이 쳐줘야 37.5°다.

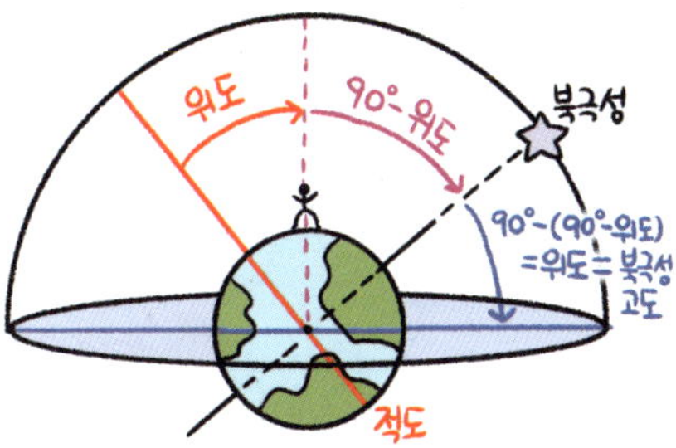

고도 37.5°의 별이 누워서 보일 리가 없다.
아까도 말했지만 근처에 5층짜리 건물만 있어도 보일까 말깐데…

저 북극성 옆의
작은 별이
너의 별이니라…
* 실제 대사
너네
어디 보니?
이쪽이
북극성
영실
세종
37.5°

하여튼 이 장면은 영실과 세종이
엄청난 거북목을 가지고 있어야 가능한 장면이다.

저 별이…
전하의 별…
북극성…
고맙긴 한데
보기가 참
힘들구나;
이쪽이
북극성
쭈욱
영실
세종
37.5°

영화에서 그렇게 고개를 꺾지 않은 걸 보면
아무래도 북극성 말고 다른 별을 보고 있었던 것 같다.

시기가 겨울철이었으면
카펠라…
여름철이었으면
베가?
그런 거 고증하지
마여…
으으
덕후 냄새

번외. 칠정산과 이순지

이 만화를 모 사이트에 업로드했더니 이런 댓글이 달렸다.

> "영화 제목이 천문이고 칠정산을 다룰 거면
> 주인공은 이순지가 되었어야 했다."

물론 장영실도 역법 연구에 도움을 주긴 했지만…
머리 빡 굴려가며 역법을 완성한 건 그 이름도 생소한 '이순지'였다.

두
둥
이순지
얼굴에 이름만 쓸 거면
등장 신은 왜 넣는 거야?

그는 당시 조선의 위도를 거의 정확히 계산해내 세종의 눈에 들었으며

조선의 위도는
대략 북위
38°입니다!
세
오옷…
뉴 노예… 아니
인재 발견!

아랍 천문학의 성과를 바탕으로 『칠정산 외편』을 편찬해냈다.

아랍 천문학은
결국 프톨레마이오스 천문학을
바탕으로 하죠!
칠정산외편
서양
아랍
명나라

프톨레마이오스 천문학은 그동안 신의 영역이었던 하늘의 움직임을 수학적으로 해석했다는 점에서 큰 의의를 가지는데…

해석해봐!
신
넵!

이 영향을 받은 『칠정산 외편』 또한 조선의 역법 발전에 크게 기여했다.

먼저 칠정은 태양, 달, 수성, 금성, 화성, 목성, 토성을 가리키고, 칠정산은 이들의 운행을 의미한다.

우리는 칠정클럽!
목
수
금
화
토
췻
더러워서
우리끼리 논다.
천왕
해왕

원나라 역법을 한양 기준에 맞춘 『칠정산 내편』과 달리,
『칠정산 외편』에 기록된 지구의 공전 주기는
실제 주기와 단 1초 차이였다.

어마어마한
차이 아녀유?
그 시절에
컴퓨터가 있었니,
뭐가 있었니…

게다가 한양의 일식과 월식도 정확하게 예측해낸 이순지.

지금이야
일식과 월식이
쇼에 불과하지만
농경시대 때는
굉장한
이벤트였어요!

그 댓글대로 장영실과 투톱 주인공으로 이순지를 좀 더 부각했다면
더 천문스럽지 않았을까.

대신 재미는
없어졌겠죠?
천문이
재미없단
편견을
버려!

17

명왕성이 우리에게 남기고 간 것

과거 태양계의 마지막 행성이자,
미국이 발견한 유일한 행성이었던 명왕성.

해냈다! 드디어 우리나라에서도 행성 하나 발견했다!
1930년, 미국 명왕성 발견

'저승의 왕(명왕)'이라는 이름처럼 너무나 어둡고 차가운 행성.

지국총
지국총

그 옆에는 카론이라는 뱃사공이 함께하고 있다.

하도 멀리 있고 어두워서 그런지 2015년까지도
보이저 2호가 찍은 엄청 흐린 사진 외에는 제대로 된 사진이 없었다.

여권 사진이 이렇게 흐리면 어떡해요!
그것밖에 없는데요… ㅠㅠ
STOP

꼴랑 이 정도가 전부.

2006년, 미국은
명왕성과 카론, 그 주위 행성들을 제대로 탐사하기 위해

가랏!!!
새 지평선으로
!!!
쿠
궁
"New Horizons"

새로운 지평선을 의미하는
'뉴호라이즌스'라는 이름의 우주선을 쏘아 올렸다.

그런데 치명적인 문제가 생겼으니…

왜!
왜!!!
뭐가
!!!

뉴호라이즌스호가 열심히 달려가는 사이

짐 빼세요~
행성 이외
출입금지
따흐흑
털레
털레

명왕성이 행성에서 제명되어버린 것이었다.

여기서 오해하면 안 되는 게,
명왕성이 행성 분류에서 빠졌다고 해서

명
행성

아예 태양계에서 퇴출되거나 존재 자체가 사라진 건 아니라는 점.

꺼져!!!
ㅠㅠ
명
태양계
수
금
지
화
목
토
천
해
명

그냥 지위가 '행성'에서
'왜행성', 즉 난쟁이 행성으로 강등된 것뿐이다.

명 부장…
자네는
강등일세…
행성 직함은
반납하게
행성 태양
왜행성
어흐흑
행성

그럼 무엇을 행성이라 하고 무엇을 왜행성이라 분류하는 걸까?

Hmm…

놀랍게도 그 기준 자체가 2006년에서야 처음으로 정립되었다.

그럼 우리가 지금까지
알고 있었던
행성은 뭔데!!!
우리도 지금껏
대충
분류해온 거지
…

그동안 과학자들조차 '충분히 크고 동그라면서 태양 주위를 도는 천체'를 적당히 행성이라고 불렀던 것이다.

수·금·화·목·토성은
선사시대 때부터
행성이라 불렀고…
천왕성이랑
해왕성은
워낙 크니까
…
끄덕끄덕
끄덕

그런데 명왕성을 시작으로 과학자들 사이에서는

명왕성
해왕성
달
명
카
얘는 크기도
달보다 작고…
궤도도 엄청
찌그러져 있고…
위성과의
크기 차도 너무
작아!

'과연 무엇이 행성인가'에 대한 논의가 들끓기 시작했다.

그러나 미국은 내심 자국이 발견한 유일한 행성인 명왕성을 지켜내고 싶었는데…

흡… 명왕성 못 잃어!
아메리카 못 잃어!

그러던 중 명왕성 바깥에서 한 천체가 발견되면서

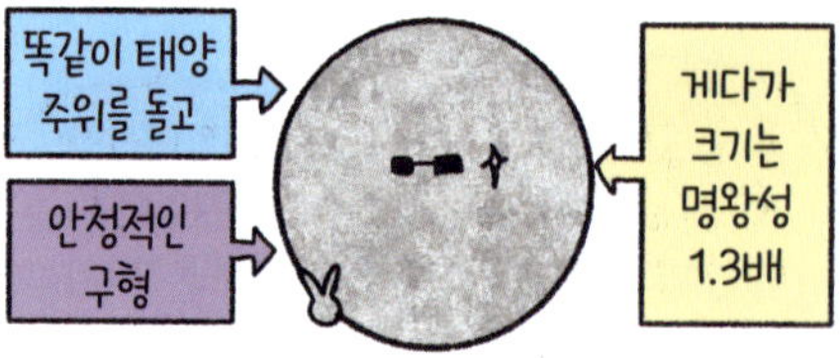
똑같이 태양
주위를 돌고
안정적인
구형
게다가
크기는
명왕성
1.3배

명왕성의 지위는 엄청나게 위태로워지고 만다.

안 그래도 행성의 자리에서 간신히 버티고 있던 명왕성이건만

행
성

더 좋은 조건의 뉴 천체까지 나타나자
명왕성은 그야말로 혼란의 중심에 서게 된다.

고오오오오

만약 뉴 천체를 행성으로 인정하지 않는다면
이 천체보다 작은 명왕성은 그대로 행성 지위 박탈이었다.

나보다 작은 주제에
쟤는 왜 행성이야!
할 말이
없네…

만약 뉴 천체를 행성으로 인정한다면 명왕성은 물론,

행성들의 방
우리도
껴줘라,
껴줘!
쾅
세
카
쾅

구형을 유지할 만큼 충분히 큰 세레스와 카론까지도
행성이 되어버리는 것이었다.

* 세레스: 태양계에서 가장 큰 소행성으로, 화성과 목성 사이에 있다.

VS
행성
× 12개

명왕성 하나를 퇴출시키느냐, 행성 개수를 12개로 늘리느냐…

결론은 명왕성 퇴출이었다.

쳐내!!!

천문학자들이 고민 끝에 행성의 새로운 기준을 세운 결과였다.

자신의
궤도
안에서
충분한 영향력을
행사할 수
있어야 한다!

행성이라면 자신이 지나가는 길에 있는 잔잔바리 천체들을
중력으로 확실히 끌어들이거나 쳐낼 수 있어야 하는데,

목성 님
가시는 길!
어디든
따르겠습니다!
허허, 내 중력
리더십이 좀
대단하긴 하지.

명왕성은 오히려 그 잔잔바리 천체들에 의해
궤도가 흔들리기까지 했던 것.

나를 따르… 왜 아무도 말을 안 듣지?
흔들
님은 능력이 안 됨ㅇㅇ
흔들
어디 가~
어~이 명 씨~

따라서 기준을 충족하지 못한 명왕성과 세레스, 뉴 천체는
'왜행성'이라는 새로운 분류에 속하게 되었고

ㅋㅋㅋ 너넨 왜 행성?
Why행성 아니거든! Dwarf행성이거든!
…그게 더 안 좋은 거 아냐?
명
카
세

엄청난 논쟁을 불러온 뉴 천체의 이름은
불화의 여신을 의미하는 '에리스'가 되었다.

참나… 내가 불화의 여신?
지들이 멋대로 싸워놓고 왜 내 탓임?!

한편, 지구에서 행성다움을 두고 지지고 볶는 사이…

명왕성 쳐내!!!
대체 행성이 뭐길래…!

쟤네 뭐함?

그러거나 말거나 뉴호라이즌스호는
새 지평선의 명왕성을 찾아 열심히 달려가고 있었다.

영차!
영차!
명왕성은 어떤 곳일까?

명왕성이 온갖 논란과 함께 행성에서 하차한 후에도

고민 끝에…
행성을… 그만두겠습니다 …
찰칵
찰칵

뉴호라이즌스호는 그 사실을 모른 채
쉼 없이 태양계의 끝을 향하고 있었던 것이다.

아유, 아직도
한참 남았네.
찰칵
찰칵
저 명왕성은
왜행성으로서
태양계에…
찰칵

명왕에게 바치는 클라이드 톰보(명왕성 발견자)의 유골 일부와
지옥의 뱃사공 카론에게 바치는 노잣돈을 소중히 품고서.

아부지…
곧 명왕이
만나요…
오냐
故 톰보
노잣돈

그렇게 2015년, 뉴호라이즌스호는 드디어 명왕성에 도착했다.

휴… 9년 동안
힘들었다ㅠ
어서 와!
심심했다구
ㅠㅠ

50억 년 동안 카론과 외롭게 살아온 명왕성을 스쳐간 순간은
아주 잠깐이었지만

기다려! 어디 가!!
삐오
미안, 벌써 가봐야 해.
노잣돈은 주고 가!

그 잠깐 동안 뉴호라이즌스호가 찍은 명왕성의 사진에는

사진이 잘 찍혔나 한번 볼까?
DATA LOADING...

다름 아닌 하트 무늬가 그려져 있었다.

현상수배 포스터 아님
2015. 7. 14. Pluto
7.14 Charon
실제 사진

자신을 멋대로 행성의 지위에 올렸다가 끌어내린
인간들을 향한 메시지 치고는 참으로 공교롭지 않은가.

행성이니…
왜행성이니…
하트니…
다 인간들
맘대로지.
아이고,
의미 없다…

명왕성.
'행성'이라는 당연했던 것을 당연하지 않게 만들어준 천체.

그래도
지구…
사랑하시죠?
그런 건
모른 척하는 거야,
임마.
지국총
지국총

그 차가운 곳에서 오늘은 무슨 일이 일어나고 있을지
궁금해지는 하루다.

END

번외 1. 뜻밖의 행운

2군 리그 왜행성으로 강등된 명왕성.

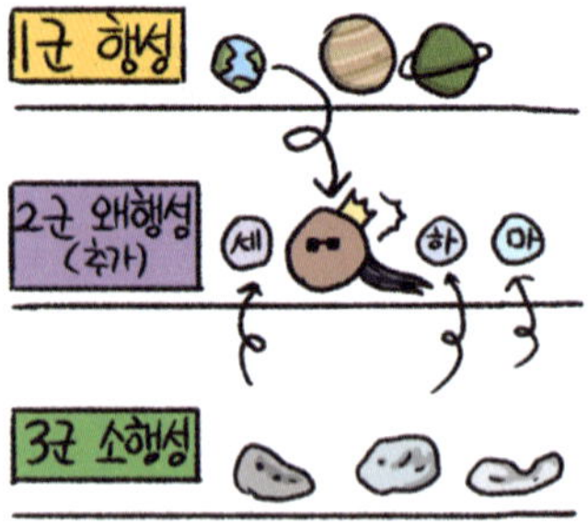

왜행성은 명왕성 외엔 죄다 3부 리그 소행성에서 승격된 천체들이다.

소행성 세레스, 하우메아, 마케마케 등은
왜행성이라는 새로운 분류가 생긴 덕에 오히려 지위가 올라갔다.

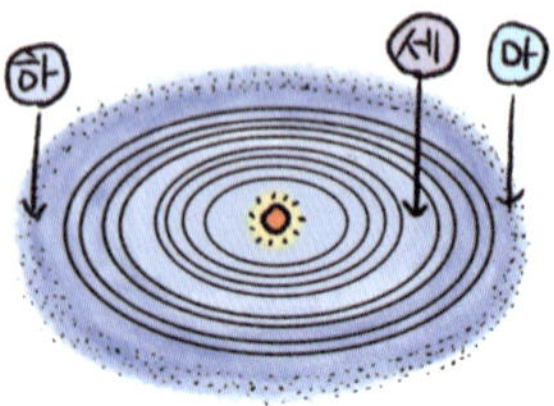

명왕성의 불행이 오히려 그들에게는 축복 아니었을까.

번외 2. 명왕성 킬러의 은혜

명왕성은 미국의 각별한 사랑을 받은 행성이었다.

우리가 처음으로
발견한 유일한
행성이라능!

명왕성을 내쫓는 계기가 된 왜행성 에리스는 불화의 여신,

불화의 여신
아니…
느그들이 싸워놓고
왜 내 탓이냐고!

에리스를 발견한 마이클 브라운 교수는 명왕성 킬러가 되었다.

전 명왕성을
죽인 놈으로
기록될 거예요.

* 실제 인터뷰

명왕성이 퇴출되자 수많은 어린이들의 편지가 빗발쳤다고.

아저씨
미워!
명왕성
불쌍해!

근데 사실 이 어린이들은 브라운 교수에게 고마워해야 한다.

명왕성이 행성으로 남았다면 에리스며 세레스, 세드나 등
행성이 자꾸자꾸 늘어났을 텐데

이러면 과학 시간에 외워야 할 내용도 왕창 늘어날 것 아닌가.

개그가 아니라 실제로 명왕성이 퇴출된 공식적인 이유 중 하나다.

18

해가
동쪽에서 뜨는 걸
알아서 뭐 하나요

대학 시절 과학교육론 수업 첫 시간,
교수님의 첫 질문은 '과학을 왜 배워야 하는가?'였다.

과학을 왜 배워야 하는가

과학을 좋아해서 과학교육과에 온 우리들은
왜 당연한 질문을 하시는 건지 몰라 되물었는데…

…? 당연한 거 아닌가요 ?
아니, 해가 동쪽에서 뜨는 것도 모르면…

교수님께서 하신 다음 질문은 이거였다.

해가 동쪽에서 뜨는 걸 모른다고 해서…
삶에 지장이 있을까요?

…

'해가 서쪽에서 뜨겠네'라는 말이 있다.
절대 일어나지 않을 법한 일이 일어났을 때 쓰는 관용적 표현이다.

아유… 콜프 네가
방청소를 다 하다니
해가 서쪽에서
뜨겠어~
공부하기 싫어서 책상 정리 중
뽀득
뽀득

그만큼 해가 동쪽에서 뜬다는 건 우리에게 상식이다.

그런데, 이걸 모른다고 사는 데 문제가 있을까?

모르면 인터넷 찾아보면 되구 …
햇빛이 세면 양산 쓰면 되잖아요?
나한테 관심 좀 줘라, 줘!

그때 열띤 토론을 통해 찾은 답은 교육학적인 답이었지만,
이번에는 지구과학적 답에 대해 생각해보려 한다.

모든 과목은 살면서 필요하니까 배우는 것 아니겠어요?

해가 뜨는 방향이 왜 중요한지 따지려면
시계도 달력도 없던 아주 먼 옛날까지 거슬러 올라가야 한다.

끼룩쓰
아니 아니,
그 정도까지는
아니고;;
우리
말하는 거?

인류가 평안하게 생존하려면 '패턴'을 잘 알아야 하는데…

NASDUCK
고양이
꼬리 패턴
가즈아!!!
그런 패턴
말고!!!

여기서 패턴이라는 건 자연의 규칙을 뜻한다.

이걸 알고 예측할 수 있어야
앞으로 다가올 상황에 대해 미리 준비해둘 수 있다.

주로 농사를 짓던
옛날 사람들에게
더더욱 중요했죠!

지금이야 많고 복잡한 패턴 속에서 살아가지만,

초기 인류가 필수로 대비해야 했던 패턴은 크게 두 가지였다.

첫 번째는 세상이 밝아졌다가 어두워지는 패턴,

더 놀다 가자!
안 돼. 곧 어두워져 ㅠ

두 번째는 세상이 더워졌다가 추워지는 패턴.

하늘은 푸르른데~
나뭇잎 떨어지네 ~
추워지면 어쩌려고…
유튜브도 없는데…
너무 일찍 태어났어 쯧쯧

첫 번째 패턴을 예측하는 것은 언뜻 쉬워 보였다.

사람은 밝아지면 잠에서 깨고 어두워지면 잠에 드니까.

그러나 안타깝게도 모든 인간에게 동일하게 적용할 수는 없었다.

일찍 일어나는 새가 먹이를 잡는다!
거 되게 우쭐대네.
일찍 일어나는 새가 피곤하다

사람마다 자고 깨는 시각은 제각각이고,
하다못해 한 사람이 잠에 들고 깨는 시각도 매일 달랐기 때문이었다.

두 번째 패턴을 예측하는 건 더 어려웠다.

너무 길고, 다채롭고, 변화무쌍했으니까.

그래서 인류는 이 두 패턴의 '기준'이 되어줄 무언가를 찾기 시작했는데,

누구나 쉽게 알 수 있고…
비가 오나 눈이 오나…
누가 보든 어디서 보든 변치 않는…

그 조건에 전부 들어맞는 게 바로 '태양'이었다.

이 태양이 어떻게 기준이 되어주었느냐?

기준-!!

흔히 '해가 뜰 때'를 하루의 시작으로 알고 있지만,

끙…
일어나기 싫어…
여름 AM 6:00
끙ㅠ
일어나기 싫어ㅠ
겨울 AM 6:00

해가 뜨는 시각은 매일 달라서 하루의 기준으로 삼기엔 부적합하다.

그러나 언제든 변하지 않는 시각이 딱 하나 있었으니,
바로 '태양의 남중시각', 즉 해가 가장 높이 뜨는 시각이었다.

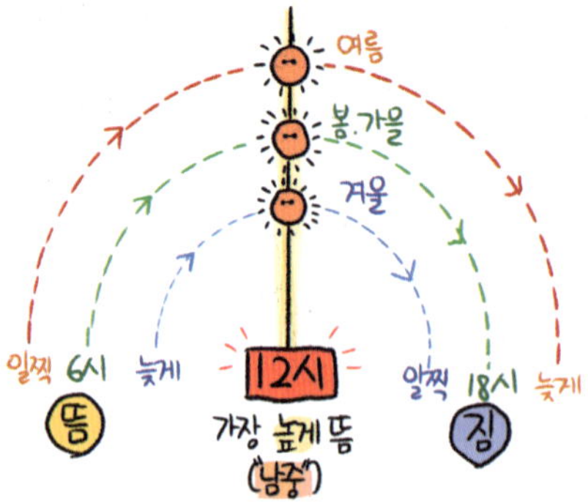

태양이 가장 높이 떴다가 지고, 다시 가장 높이 뜰 때까지 걸리는 시간을 하루, 한자로는 '1일(日)'이라 부르기로 했다.

이렇게 하루를 정의했으니
이제는 하루 중 언제쯤을 지나고 있는지 알려줄 지표가 필요해졌다.

그래서 지금이 하루 중 언제인데?
음…

그래서 인류는 태양이 만든 그림자의 위치로 대략적인 시간을 유추했고,
이것이 최초의 시계가 되었다.

24등분은 누가 정한 거야?
후손 중에 히파르코스란 애가 있대!
낮
밤

그리고 해가 동쪽에서 떠올라 남쪽을 지나 서쪽으로 지는 동선은
지금도 사용하는 '시계 방향'의 기준이 되었다.

남
동
서
일주운동의 방향이 시계 방향이라고 배우지만,
실은 시계 방향이 일주운동 따라 정해진 거죠.

* 일주운동: 천체가 하루 동안 하늘을 한 바퀴 도는 운동

하루의 기준을 '태양이 가장 높이 뜨는 때'로 정한 인류는
또 한 가지의 규칙을 발견해냈는데…

정오
응?!
다음 날 정오

바로 태양이 가장 높이 떴을 때의 위치가 주기적으로 달라졌던 것.

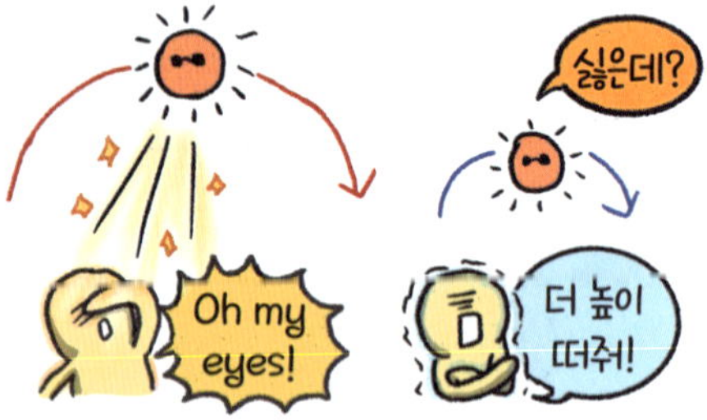
Oh my eyes!
싫은데?
더 높이 떠줘!

태양이 높이 떠오를 때 세상은 더워지고,
낮의 길이도 길어졌다.

쨍
쨍
으어, 더워!!!
더운데 해도 안 져!

반대로 태양이 낮게 떠오를 때 세상은 추워지고,
낮의 길이도 짧아졌다.

인류는 태양이 가장 높이 떠오를 때를 '하지', 이즈음을 '여름'으로,

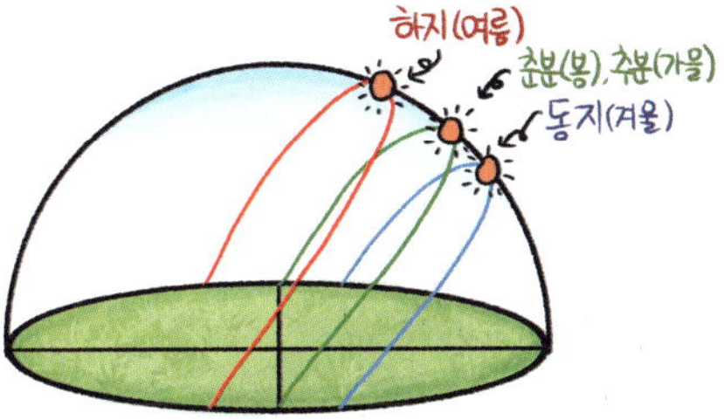

태양이 가장 낮게 떠오를 때를 '동지', 이즈음을 '겨울'로 불렀다.

하지에서 다음 하지까지는 대략 태양이 365번 뜨고 지는 주기였고,
인류는 이것을 '1년' 또는 '한 해'라고 부르기로 했다.

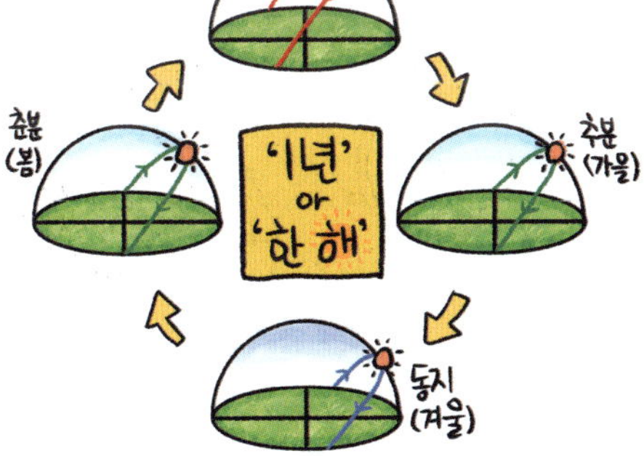

'한 해'라는 단어 속에는
이 주기의 기준이 태양이라는 사실이 담겨 있는 것이다.

1년의 년(年)도
'해 년'이니까,
결국 1년이란
단어도 날
의미한다구!

이 만화의 독자라면
누군가가 "해가 동쪽에서 뜨는 걸 알아서 뭐 하나요?"라고 물었을 때
이제는 답할 수 있을 것이다.

해가 동쪽에서
뜨는 걸 알아서
뭐 하는데?
넌 콜프쌤
만화도
안 봤니?
매우
모범답안

이제는 너무 당연해서 그 중요성조차 잊어버린 시계와 달력이
바로 그 사실로부터 출발했다고 말이다.

END

번외. 한 달과 한 주

한 달은 달이 지구를 한 바퀴 도는 데 걸리는 시간이다.

이것도 삭망월이 있고
항성월이 있는데
설명은 생략할게요!

가로등이 없던 옛날에는 달의 위상(=모양)이 매우 중요했어서, 음력 날짜 또한 양력만큼이나 중요하게 쓰였다.

게다가 밀물과 썰물
현상에도 영향을
미치기 때문에
어촌 사람들은
지금도 음력 날짜를
중요시해요!

그렇다면 한 주는 어떻게 정해진 주기일까? 요일마다 행성 이름이 들어가는데…

예를 들어 화요일은
'화성이 빛나는 날'이라는
뜻이지… 후후

사실 천체의 규칙이나 현상과는 전혀 관련 없는 주기다.

한 해와도
관련 없고…
한 달과도
관련이 없고…
1주 7일
누구냐 넌…

그래도 천체에서 유래한 것은 맞는 게,
이 일주일 자체가 바빌로니아의 칠요 개념에서 유래했기 때문.

칠요
"七曜"
바빌로니아 사람들은
해, 달, 화·수·목·금·토성이
시간을 관할한다고
생각했대요!

아무튼 이런 걸 보다 보면 '시간이 해결해준다'는 말과
'하늘에 맡긴다'는 말은 곧 같은 말이지 않을까 싶다.

내 만화의 성공…
지구의 공전에
맡기리다…
누구 맘대로?

19

심심하면 별 보던 사람들의 우주관 변천사

만약 핸드폰도 TV도 컴퓨터도 없는 세상에 있다면
무엇을 할 것 같은가?

아마 심심해서 죽어버리지 않을까요?
해맑
너 진짜 극단적이구나…

이번에 소개할 사람들은 할 일이 없을 때 하늘만 쳐다보던 자들이다.

저 별은… 어디서 와서… 어디로 가는 걸까…
여보! 안 들어오고 뭐 해요!

별들의 움직임을 분석하고, 우리 우주의 모습을 설계하던 사람들.

잠시 다른 이야기.
아주 옛날 사람들에게 최고의 과학책은 무엇이었을까?

놀랍게도 우주의 탄생과 역사, 움직임을 한 권으로 끝내드립니다!
우와! 뭔데요, 뭔데요?!!

바로 성경이었다.

짜잔!!
와아! 우주는 7일 만에 탄생했구나!

그에 따르면 하나님이 가장 사랑한 세상의 중심은 인간이었다.

심지어 당신의 모습을 본떠서 만드셨죠!
교황
목사
인간 짱짱맨!

그러니 우주의 중심은?
당연히 인간이 살고 있는 지구일 수밖에.

해도 달도 모두 날 위해 돌고 있는 것…
재 뭐래니?
난 맞긴 해~

지구를 돌고 있는 해, 달, 별의 움직임은 모두 신이 설계한 것이었는데…

신
너무 신성해서 보이지 않음

최초로 이를 과학적으로 정리한 사람이 첫 번째 인물,
프톨레마이오스다.

(산타 아님
제발 믿어주센)

'하늘은 별들이 무수히 박힌 딱딱한 구형 껍데기며,
신의 힘으로 하루에 한 바퀴씩 돈다'고 그는 주장했다.

신
돌아라!
옙.

그런데 여기에 조금 특별한 천체들이 있었으니,

늘 제자리인 별과 달리
행성은 별들 사이를 여행하죠!

바로 '행성'이었다.

프톨레마이오스는 이들도 지구 주변을 돈다고 생각했으며,

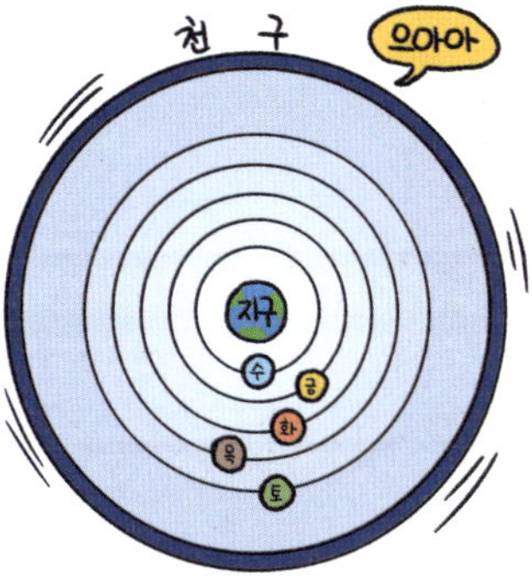
천구
으아아
지구
수
금
화
목
토

수성-금성-태양-화성-목성-토성의 순서로
배열되어 있다고 정리했다.

그런데 이 모형에는 한 가지 걸리적거리는 점이 있었으니…

음… 다 좋은데
딱 하나가
모자라…!

바로 행성이 일정 주기로 백스텝을 한다는 사실이었다.

2보 전진을 위한
1보 후퇴!
back step
'역행'이라
불러요!

프톨레마이오스는 이를 해결하기 위해 궤도 위의 궤도,
'주전원'이라는 개념을 도입했다.

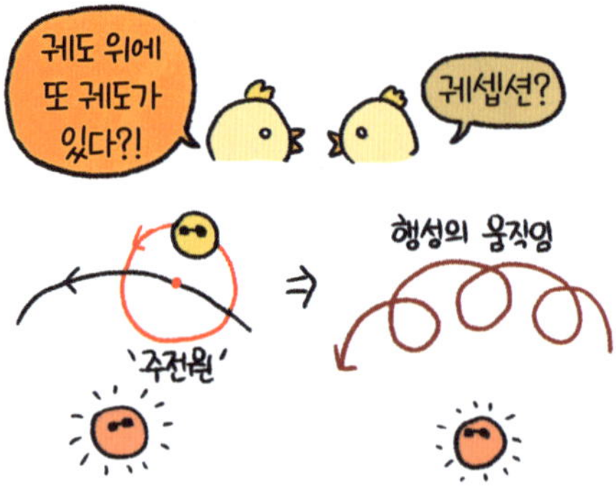
궤도 위에 또 궤도가 있다?!
궤셉션?
행성의 움직임
'주전원'

당시 프톨레마이오스의 이론은 너무나 완벽해서
이를 통해 행성의 운동을 거의 정확하게 계산해낼 수 있었으며…

엥? 틀린 이론 아니었어요?
어쨌든 얘도 날긴 날잖아?

나름대로 완벽한 증거들도 있었다.

지구가 중심이니까 어디서 물체를 떨궈도 지구에 도달하지!
형님, 그거 아닌데…
뉴턴
가자, 지구로!

그런데 여기에 딴지를 건 사람이…

바로 여러분도 잘 아는 코페르니쿠스였다.

그는 프톨레마이오스의 주전원 이론이 너무 복잡하다고 생각했고

이게 뭐야? 타이어 굴러가는 것도 아니고…
신께서 세상을 이리 복잡하게 설계하셨겠어?

(코페르니쿠스가 타이어를 어떻게 아는지는 모름.)

지구도 태양 주위를 도는 행성 중 하나일 뿐이라는 태양 중심설(지동설)을 내세우게 된다.

어우 편ㅡ안

근데 코페르니쿠스의 이론에는 큰 문제가 있었으니…

신성모독
문제였죠?
그것도 그건데
더 큰 문제가…

안타깝게도 프톨레마이오스의 이론보다 설명이 더 복잡했던 것.

당시 지동설의 모습
이게 훨씬
복잡한데?
크흑
반박불가

실제 행성은 타원 궤도를 도는데,
이를 원 궤도라고 생각하고 짜맞추다 보니 벌어진 사달이었다.

젠장!
뭐가 문제지?
어딜 완벽한
성경에 뎀벼?
교황

그래도 코페르니쿠스를 돕는 이가 한 명 있었는데…

제가 갑니다!
전 형님을 믿어요!

그 유명한 갈릴레오 갈릴레이.

갈릴레이는 대담하게도 지동설에 대한 책을 쓰겠다며 교황에게 허락을 구하러 갔고…

저 지동설로 책 쓸 거임.
oo
SO
교황
COOL

의외로 교황의 대답은 OK였다.

단, 천동설과 지동설을 균형 있게 싣고…
교황
교회를 무시하진 말 것!

그러나 역사에 남을 만큼 말 안 듣기로 유명했던 갈릴레이는
이를 깔끔하게 무시하고 마는데…

ㅋㅋ허락받았으니
내 맘대로 쓴다ㅋ
내가
잴 믿어도
되나 몰라?
교황

표면상으로는 교황의 허락을 받아 저술한 책,
『두 우주 체계에 관한 대화』.

두 우주 체계에
관한 대화
교황허가

천동설 지지자와 지동설 지지자, 사회자의 대화로 이루어진 책이다.

천
사
지

근데 사회자가 묘하게 지동설 편을 드는 것은 둘째 치고…

더 얘기해보시죠!
저기…
제 차롄데…
천
사
지

천동설 지지자 이름이 심플리치오.
한국말로 하면 김단순 내지는 김몽총 정도의 이름이었다.

천
ㅂㄷ ㅂㄷ
심플리치오
넹! 잘 들었습니당ㅋ
역시 이름처럼 심플하네요ㅋ

결정적으로 이 심플리치오가 교황을 상징한다는 의견이 제기되면서,
갈릴레이는 종교재판을 피할 수 없게 되었다.

교황
ㅂㄷ ㅂㄷ
네 눈에는 내가 그렇게 단순해 보였냐?
그… 그게…

패기는 어디 가고 재판장에서는 결국 천동설을 인정해버린 갈릴레이.

자, 따라한다. '죽기 싫으면 나대지 말자.'
주… 죽기 싫으면 나대지 말자…
무룩

사형은 면했지만 평생 가택연금 엔딩을 맞고 만다.

그래도!! 그래도 지구는 돈다!!!

한편, 지동설을 연구하던 또 하나의 학자…
아니 인간 망원경이 있었으니…

후훗… 맨눈으로
1,000개 이상의
별을 발견한 나…
천문학의
세계에선
시력도
실력이다!

바로 요하네스 케플러의 스승, 튀코 브라헤였다.

튀 선생님이라고
불러주게.

천동설과 지동설의 싸움을 지켜보던 튀 선생님은
이 싸움을 끝낼 열쇠가 '연주시차'에 있다고 생각했다.

잠깐,
연주시차가 뭔데요?
설명하자면
복잡한데…
Hmm
…

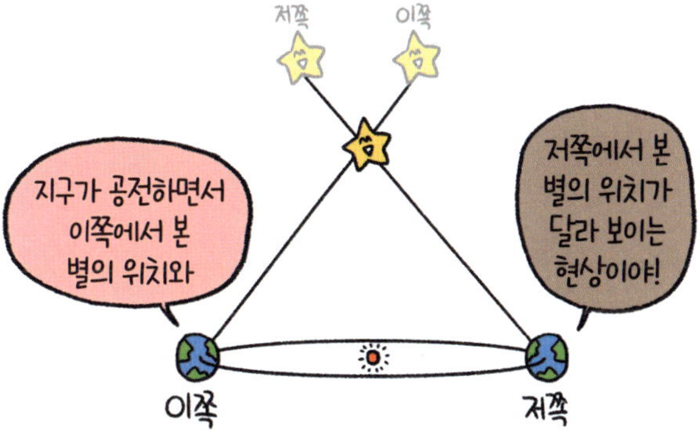
저쪽
이쪽
지구가 공전하면서 이쪽에서 본 별의 위치와
저쪽에서 본 별의 위치가 달라 보이는 현상이야!
이쪽
저쪽

사람으로 따지면 왼눈의 시야와
오른눈의 시야가 서로 다른 것과 같은 원리지!

그러나 연주시차는 천하의 인간 망원경도
알아채지 못할 정도로 매우 작은 값이었다.

내 눈에 안 보이면 없다는 건데…
그럼 천동설이 맞는 걸까?

결국 튀 선생님은 '행성은 태양을 돌고, 그 태양이 지구를 돈다'는 '수정 천동설'을 주장하게 된다.

마!
쓰까라, 쓰까!
천동설
지동설

그리고 이 모든 걸 지켜보고 있었던 제자 케플러는…

허…
저 자료 좀
받고 싶은데…
도대체가
넘겨주지를
않네…
쩝

튀 선생님과 달리 시력도 매우 나쁘고 손에 장애도 있었다.

이런 나도
천문학자를
할 수 있을까
…
한 손이 거의 붙어 있었음

대신 수학을 잘했기 때문에 튀 선생님의 계산을 도맡았던 케플러.

어이,
「계산기」.
계산은
다 끝냈는가?
네!
킹코 갓라헤 님!

튀 선생님의 제자가 된 이래 그의 관심사는 온통
스승님의 자료에만 쏠려 있었다.

하… 저것만
가질 수 있다면
계산기 생활
청산인데…

기회는 실로 우연한 순간에 찾아왔으니…

나 만찬 좀
다녀올게~
옙! 선생님!
제
자
들

A FEW
MOMENTS LATER

큰일 났어!
스승님이…
스승님이!!!
제자
케플러

귀족들의 만찬 자리에서 와인을 너무 많이 마셨던 튀 선생님은
체면을 위해 소변을 참다가 방광이 그만…

펑

(잔인하기 때문에 유사 장면으로 대체함.)

그렇게 우여곡절 끝에 케플러는 스승님의 자료를 넘겨받는다.

스승님… 어찌
이런 일이…
손
내려봐.
ㅋ

스승님의 자료로 행성의 운동을 연구하던 케플러는
마침내 '세 가지 법칙'을 발표한다.

여러분!
계산기가
해냈습니다!

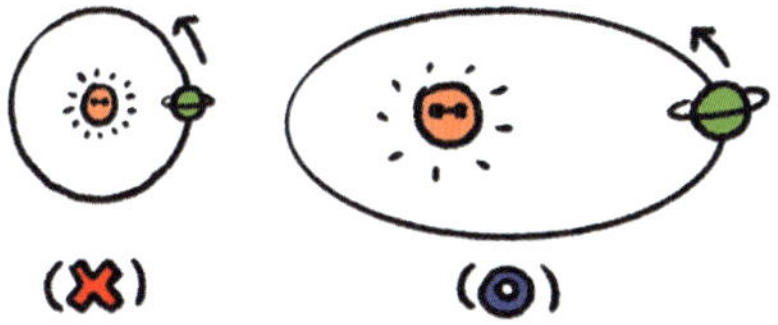

첫째, 행성은 타원 궤도를 돈다.

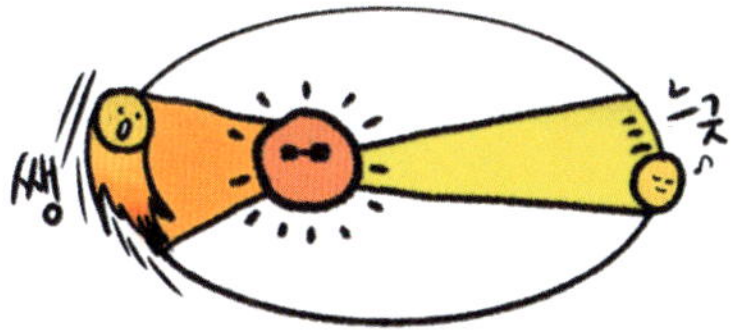
쌩
느긋

둘째, 행성은 태양과 가까워질수록 빠르게 돈다.

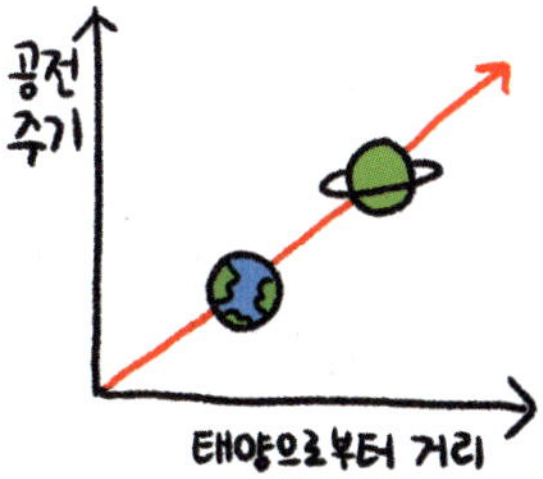
공전 주기
태양으로부터 거리

셋째, 태양에서 멀리 떨어진 행성일수록 공전 주기가 길다.

행성이 타원 궤도를 돈다는 사실이 드러나면서
지동설은 주전원 없이 깔끔한 이론으로 완성되었고…

고맙소, 케플러ㅠ
아유~ 아임다, 슨배임!

마침내 학계의 정설로 인정받는다.

나도 고맙소, 케플러.
더 깊게 절하세요, 손배임^^

케플러의 이론은 또한 뜻밖의 성과로 이어졌으니…

케플러 법칙? 인정한다 이거야!
근데… 난 왜 그런지가 더 궁금한데?
고오
오오

바로 아이작 뉴턴이 만유인력의 법칙을 발견하고,

사과는 왜 떨어지고, 행성은 왜 도는 걸까?
둘은 사실 같은 원리 아닐까?
떨어지는 것
도는 것

미적분 개념을 탄생시킨 것.

음~ 해석하려니
계산법이 없어서
짜증나네…
새로 하나
만들까?
dy/dx…
아…
안 돼!!!
고등학생

밤하늘 관찰로 시작해서 미적분 엔딩으로 끝난 우주관의 변천 이야기.

왠지 기분이
나빠졌어요…
뉴턴이 머리에
사과 대신 호박 맞고
죽었어야 하는데…

상식으로 느끼는 것들이 쌓아올려지기까지는
이렇게 수많은 학자들의 고뇌가 있었음을 기억해두자.

내가 더 멀리 보았던 건
거인의 어깨 위에
서 있었기 때문이다!
티코
케플러
프톨레
코페르
갈릴레이

END

20

우주는 어디서 와 어디로 가는가

(feat. 천재 과학자의 실수)

여러분은 '천재' 하면 누가 떠오르는가?

콜프?
죄송합니다. 쌤이 좀 편찮으셔서…

많은 사람들이 알베르트 아인슈타인을 먼저 떠올릴 것이다.

다양한 과학 분야에 업적을 남긴 아인슈타인.

일반상대성 이론
특수상대성 이론
E=mc² 질량=E
광전효과 기타등등
짝
짝
짝
짝

지구과학 분야에도 남긴 업적이 있으니…

에헴
상대성 이론
E=mc²
광전 효과
나도… 아인슈타인 묻어 있어!

바로 '우주론' 분야다.

우주론이란?
우주가 어떻게 시작했고
어떻게 자라왔으며
어떻게 끝날지에 대한
학문이에요!
샤아아

이번에 할 이야기는 '우주론' 이야기.

우주는 어디서
와서 어디로
가는가?

시작은 뉴턴부터 가보도록 하자.

후훗… 역시
과학 얘기에
내가 빠질 수
없지…

뉴턴은 만유인력의 법칙을 발견한 순간부터 깊은 고민에 빠졌다.

아니…
모든 물체가 서로를
끌어당긴다면…
Hmm
사랑해
나두

별과 별도 서로를 끌어당기고 있을 텐데,

너무
가깝잖아!

그럼 별들이 결국 한데 모여서 뭉쳐버리지 않을까?

오랜 시간 고민하던 뉴턴은…

그래!
우주는
무한한 거야!

안쪽 별이 뭉치려는 걸 바깥쪽 별이 당겨주고,
그걸 더 바깥의 별들이 당겨주고…

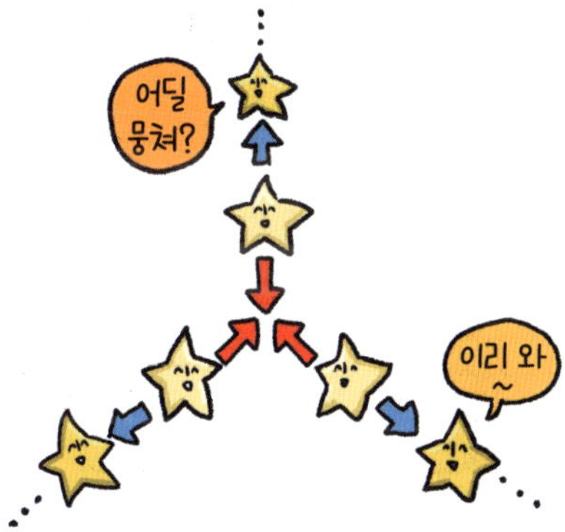
어딜
뭉쳐?
이리 와
~

이렇게 무한으로 당겨주면 되지 않겠어?

그래서 오랫동안 과학자들은 우주가 무한하며 정적이라고 생각했다.

아닐 수도 있지 않아요?
으—딜 신성한 뉴턴 님 말씀에 토를!
과 학 자

그런데 아주 간단한 질문 하나에 뉴턴의 우주론은 흔들리기 시작한다.

저… 근데요…
밤하늘은 왜 어둡나요?
올베르스
두 둥

뭔 소리야! 해가 없으니까 어둡지!
그래도 별이 있잖아요?
올베르스

아니… 우주가 무한하면 별도 무수히 많을 거고…

으악!
눈부셔!

그럼 밤하늘은 엄청나게 밝아야 하지 않겠어요?

이 '올베르스의 역설'은
훗날 기존의 우주론이 대격변하는 계기를 만들어준다.

기존 우주론
치이이
올베르스의 역설

그러나 이 생각은 우주가 무한하다는 것에 대한 의문만 던졌을 뿐.
우주가 정적이라는 것에는 모든 사람이 동의하는 상황이었다.

우주는 멈춰 있지!
열
우주
응
그 자리 그대로고…
그럼 그럼!

한편, 몇백 년 후 나타난 아인슈타인은 새로운 관점을 제안하는데…

STAR
시공간

별들의 중력은
시공간을 휘게 만든다!

고무판 위에 볼링공을 올리면 오목해지는 것처럼,

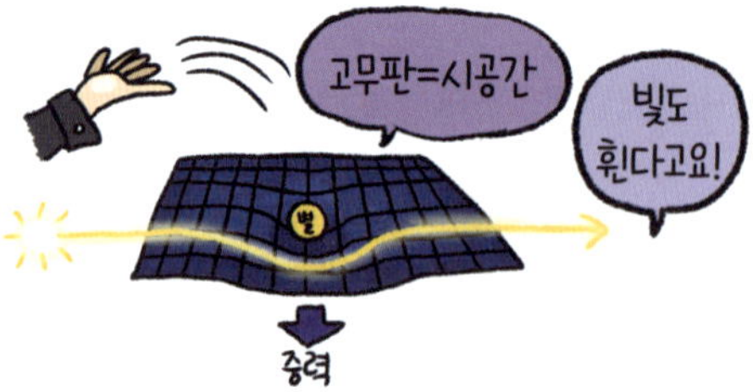
고무판=시공간
빛도 휜다고요!
별
중력

별의 중력이 시공간을 휘게 한다는 것이
일반 상대성 이론의 골자였다.

아인슈타인은 이 이론을 토대로
우리 우주의 모습을 수학적으로 나타낸
'아인슈타인 방정식'이라는 걸 만들었는데…

$$R_{\mu\nu} - \frac{1}{2} g_{\mu\nu} R = \frac{8\pi G}{c^4} T_{\mu\nu}$$

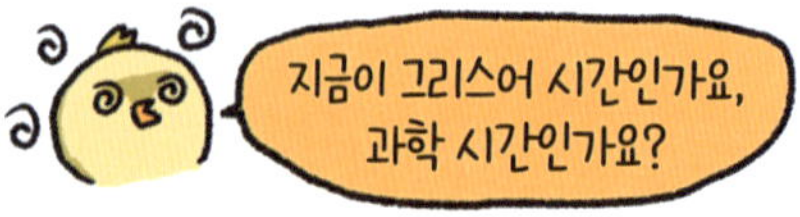
지금이 그리스어 시간인가요,
과학 시간인가요?

간단히 설명하면 '물질의 중력이 시공간을 휘게 만든다'는 뜻이다.

$$R_{\mu\nu} - \frac{1}{2} g_{\mu\nu} R = \frac{8\pi G}{c^4} T_{\mu\nu}$$

시공간의 곡률 (휘어진 정도)

물질의 중력과 에너지

그런데 여기서 문제가 생겼으니…

으윽… 완벽한
이 몸에게도
풀지 못할 문제가
생기다니…

별들에 의해 조금씩 휘어진 우주는 결국 닫힌 공간,
유한한 공간이 될 수밖에 없다는 것.

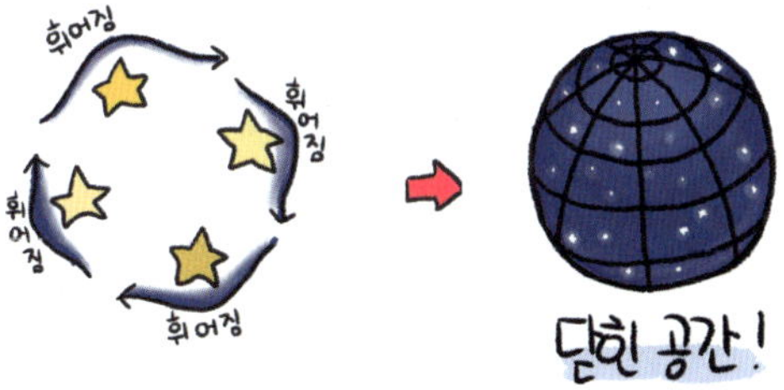
휘어짐
휘어짐
휘어짐
휘어짐
닫힌 공간!

아인슈타인 또한 우주가 무한하면서 정적이라고 믿었기 때문에
결국 앞서 제기되었던 문제가 또 발생하는 것이었다.

무한하지
않으면…
결국
하나가 돼!

이 문제를 해결하기 위해 아인슈타인이 고안한 것이
바로 '우주 상수(Λ)'였다.

쳐
아인슈타인 방정식
억

동생…
이게 뭐시당가?
형님께서 만유인력을 발견하셨으니
만물은 밀어내기도 한다는 만유척력을 주장해보려구요!

뭐? 그게 말이 돼?
바둥
몰라 몰라!!! 이러면 문제가 해결된단 말이야!!!
바둥
흑역사

훗날 아인슈타인은 이 우주 상수를 '일생일대의 실수'라 일컫는다.

한편, 몇 년 후 천문학자 에드윈 허블은
외부 은하들이 지구와 점점 멀어지고 있다는 사실을 알게 되었다.

안녕~
지구야, 잘 있어!
이럴 수가…
지구는 미움받고 있는 걸까?

거기에 더해, 멀리 있는 은하일수록 빠르게 멀어진다는
'허블 법칙'을 발견하기까지 했다.

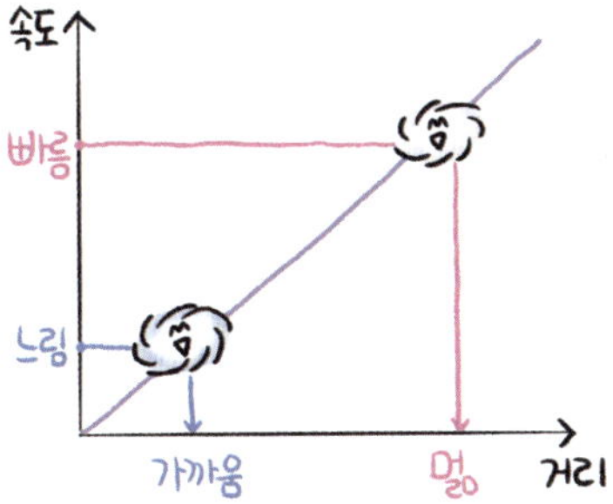
속도
빠름
느림
가까움
멂
거리

허블이 이것을 해석하기를…

은하가 운동하는 게 아냐!
공간 자체가 팽창하는 거야!

풍선 위에 별을 그리고 풍선을 불면
풍선이 커질수록 별들끼리는 멀어지지!

쭈
욱

이것이 우리 우주와 같다고 보면 되는 거야!

우주가 팽창한다는 사실은 우리 우주가 하나로 뭉쳐질 것이라던
뉴턴과 아인슈타인의 걱정을 덜어줬을 뿐 아니라

왜 우리는 그 생각을 못 했을까?
그거 아니어도 충분히 위대해서?

밤하늘이 어두운 이유, '올베르스의 역설' 또한 해결해줬다.

별들이 점점 더 빨리 멀어지고 있어서 그 빛이 우리에게 도달하지 못한 거지!

그러다 이제는 우주의 기원을 두고 싸움이 났는데…
다들 잘 알겠지만 오늘날에는 빅뱅이론이 정설이다.

느그 이론은
빵 터짐(빅뱅)
이론이라며?
좋은디?!
호일
가모프

* 빅뱅이론을 반대했던 프레드 호일이 이를 비꼬기 위해
처음 '빅뱅'이라는 단어를 사용했다.

허블 이후에도 몇 가지 더 흥미로운 사실이 드러났다.

안 흥미로우면요?
이걸 읽는 이상
흥미로울 것이야!

첫째, 우주는 태어난 지 $0.\underbrace{00\cdots}_{35개}1$초 후
갑자기 훅 늘어나는 급팽창 시기를 거쳤다.

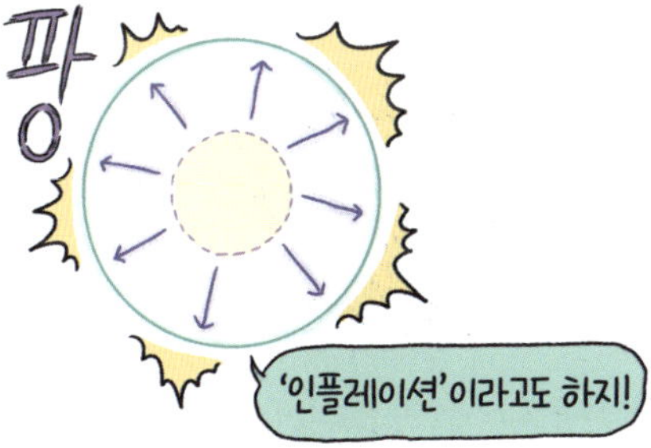
팡
'인플레이션'이라고도 하지!

둘째, 우주는 보이는 것보다 훨씬 무겁다.
보이지 않는 무언가의 중력이 우주 팽창을 저지하고 있다.

그래서 그게 뭔데요?
몰라.
지구과학 선생님이
그것도 몰라요?
아 모른다니까.

* 실제로 아무도 몰라서 이름이 '암흑 물질'이다.

셋째, 그럼에도 불구하고 우주 팽창 속도는 점점 빨라지고 있다.
마찬가지로 보이지 않는 어떤 힘 때문에.

후
후
더 빨리!
더 빨리!!!
우
우
우

보이지도 않고 느껴지지도 않지만
어떤 에너지가 우주를 더 빠르게 팽창시키고 있는 건 확실했고,

우리가 알고 있는 모든 것
암흑물질
암흑에너지
우리우주

과학자들은 이를 '암흑 에너지'라 부르기로 했다.

아무것도 알 수 없는 암흑 에너지지만,
이를 비슷하게나마 설명할 수 있는 수치가 이미 제시된 바 있으니…

암흑 에너지
중력을 거슬러 우주를 더 빠르게 팽창시키는 힘
????
중력과 반대로 만물이 서로 밀어내는 힘
Hmm...
뭔가 비슷한데?

바로 아인슈타인이 말한 일생일대의 실수, 우주 상수였다.

두
둥

우주 상수가 무엇이었는지 기억나는가?

만물은 서로 끌어당긴다,
만유인력!

만물은 밀어내기도 한다,
만유척력!
요걸 우주 상수로
나타내기로 했었죠!

우주가 더 빠르게 팽창하려면
만물이 서로를 더 빠르게 밀어내야 하니…

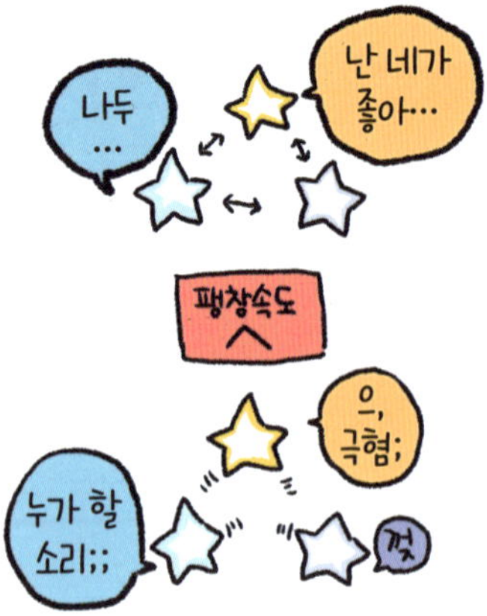
나두…
난 네가 좋아…
팽창속도 ∧
으, 극혐;
누가 할 소리;;
껒

우주 상수가 있으면
딱 암흑 에너지를 표현하기에 적절하지 않겠는가?

크… 크흠! 이것도 다 예상했다구!
뉘예, 뉘예, 천재님.

천재는 실수조차 과학이 된다니, 참으로 아이러니한 세상이다.

나의 실수도 언젠간 과학이 되지 않을까?
죄송합니다ㅜㅜ 얘 병이 아직 안 나았나 봐요.

우리 우주의 95%를 차지하는 미지의 세계,
암흑 물질과 암흑 에너지.

그래도 코딱지만 한 지구에서
이만큼 알아낸 것도
대단하지 않나요?
VS
응
그래 봐야
5%~

앞으로 그 미지의 세계를 밝혀나가는 것은 여러분의 몫이다.

It's
YOU!

END

21

영화로 살펴보는 지구 멸망 시나리오

지금은 좀 뜸하지만 라떼는 지구 멸망 시나리오가 핫했다.

1999년 세기말
지구 멸망!!!
2012년
지구 멸망!!!

물론 정확히는 지구보단 인류 멸망에 가깝긴 하지만.

지구가 망하는데
지구과학이 문제니?
선생님,
지구가 망하면
지구과학도 망하나요?

지구 멸망이 세간에서는 좀 뜸해진 주제긴 해도

어차피 온난화
때문에 망할 것
같아요…
이렇게 말하는
사람이 늘어난
탓도 있죠…

영화 감독들에게는 여전히 매력적인 것 같다.

상상할 수 없는
재난이 덮쳐온다!
랜드마크도
야무지게
부숴줍니다!

오늘 살펴볼 주제는 ‘영화로 살펴보는 지구 멸망 시나리오’.

영화로
살펴보는
지구 멸망 시나리오

우선 라떼 가장 핫했던 〈2012〉와 나름 핫했던 〈노잉〉부터 보자.

2012
노잉
★동시 상영 이벤트★
라떼

두 영화를 같이 묶어서 보는 이유는
공통적으로 멸망 포인트가 ‘태양의 플레어’에 있기 때문이다.

내가 언제까지
너네 지켜주기만
할 것 같아?

플레어는 태양 활동이 활발해질 때 일어나는 일종의 폭발 현상이다.

할 땐 하는 별이야!

〈2012〉에서는 플레어가 지구 내부의 중성미자를 자극해 지구 전역에서 대형 지진이 발생하는 바람에 인류가 멸망한다.

자, 지구 갈아엎을 시간입니다~
인간들은 비켜주세요~

솔직히 플레어가 중성미자를 자극한다는 건 말도 안 되는 이야기라 넘어가고…

꽥
플레어가 중성미자 자극할 정도면 인간들은 다 죽었어야죠 …
그 중성미자가 지구 내부의 온도를 올리는지는 또 다른 문제고요.

〈노잉〉에서는 슈퍼플레어로 인해 엄청난 열풍과 고에너지 입자, 방사선이 지하 1km까지 침투해 지구를 휩쓸어버린다.

이거 스포 아니에요?
16년 된 영화에 뭔 놈의 스포야!!

실제로 2012년에 슈퍼플레어가 아슬아슬하게 비껴간 적은 있다.

슈퍼플레어!
휴, 살았다;
1주일

맞았다면 인류 문명이 석기시대로 돌아갔을 정도로 강력했다고.

2012년 지구 멸망설…
어쩌면 틀리지 않았을지도?
보이지 않는 곳에서
누군가가 지구를 지켰을지도?

〈노잉〉처럼 플레어 자체가 우리를 태우는 일은 일어나지 않겠지만…

이따 설명할 건데 지구에는
자기장 보호막이 있거든요!

자기장 보호막 바깥의 인공위성이나 우주 정거장 등에는
충분히 영향을 줄 수 있으며

꽥
으악
카톡 한 시간만 안 돼도 난리던데…
모든 통신이 두절되면…

보호막이 감당 못 할 정도로 고에너지 입자 폭풍이 쏟아지면

선물이야!
으어억

자기장이 심각하게 교란되며 지자기 폭풍 현상이 일어날 수도 있다.

화르륵
고에너지 입자 폭풍

이는 인류의 전기 문명에 지대한 지장을 줄 수 있기에

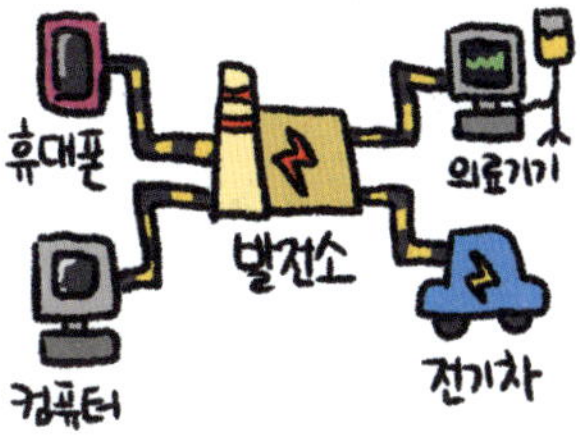
휴대폰
의료기기
발전소
컴퓨터
전기차

전 세계 과학자들이 예의 주시하며 미리미리 대비하고 있다.

다행히 폭발 전엔 징조가 보이거든요!
잉
나도 양심은 있다구~

다음은 라떼 과학 시간 국룰영화 〈코어〉를 살펴보자.

코어
쮸왑
라떼

〈코어〉는 제목 그대로 지구의 '핵'을 다룬다.

그중에서도 지구의 외핵을 다루고 있죠!
웨헥?

외핵은 지구 내부에서 유일하게 액체로 되어 있는 층으로서

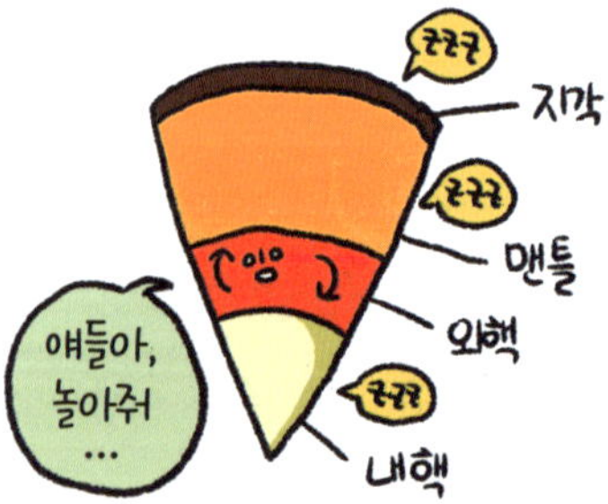
지각
맨틀
외핵
내핵
얘들아, 놀아줘 …

외핵의 움직임, 즉 대류는 지구 주변에 자기장 보호막을 만들어준다.

이를 '다이너모 이론'
이라고 해요!

〈코어〉에서는 이 외핵의 대류가 멈추면서…

칫,
심심해!
힝
나도
안 놀아!

지구를 둘러싼 자기장 보호막이 없어지고,
인류는 우주 방사선을 직격으로 맞을 위기에 처한다.

히히히, 발사!!
외핵아 다시 한번
생각해봐;

참고로 방사선은 아주 자그마한 총알과도 같아서

고에너지 입자의
공격이니까요!
슝
슝

우주 방사선을 직격으로 맞는다는 건
우리 몸에 원자 단위의 구멍이 숭숭 뚫린다는 의미다.

부서진 염색체

이 과정에서 보통
염색체가 파괴되죠.
그래서 뮤턴트가 되나요?
그 전에 죽지 보통…

전혀 상관없어 보이는 지구의 핵과
지구 밖 자기장 보호막이 연결되어 있다니, 신기하지 않은가?

안 신기한데요?
이쯤 됐으면
내가 듣고 싶은 말
좀 해주라…

세 번째로 살펴볼 영화 역시 과학 시간 국룰이었던 〈투모로우〉.

투모로우
-내게 강같은 영화 내게 강같은 영화-
주무실 수 있겠어요?

〈투모로우〉의 설정은
현재 가장 가능성 있는 멸망 시나리오다.

왜요?
좀 복잡한데…
후달달

그만큼 가장 복잡해서, 내용을 이해하려면
먼저 지구의 심층 순환 흐름을 알고 있어야 한다.

해류의 여행
즐겁다

그린란드 주변에서는 짜고 무거운 바닷물이 가라앉고 있는데

이들은
북대서양 심층수가
돼요!

가라앉으면서 생긴 위쪽의 빈 공간은
따뜻한 멕시코 만류가 북상해서 채운다.

그린
란드
빈자리
발견!
멕
내가
올라간다!

덕분에 서유럽 국가들은
같은 위도의 다른 나라들보다 겨울이 따뜻한 편이다.

영국의 위도가
북한보다 높은 거
아셨나요?
근데 겨울에
서울보다 더 따뜻함.
불공평해!!

〈투모로우〉에서는 이 멕시코 만류가 제대로 올라오지 못하면서
빙하기가 찾아온다.

쩌
엉
!
멕
빌 빌 빌...

이 빙하기의 원인은 아이러니하게도 지구온난화다.

지구가 따뜻해져서
빙하기가 찾아온다?
이게 무슨
논리의 퀀텀 점프죠?

지구온난화는 그린란드 주변의 빙하를 녹이고

어어…
뜨끈-하다…
으아악,
안 돼!

빙하가 녹은 물은 민물이기 때문에 주변 바닷물의 염도를 낮추며

옛날보다 바닷물이
싱거워진 것 같지 않아?
그런 듯?!

염도가 낮아진 바닷물은 밀도가 낮아져 제대로 가라앉지 못한다.

낑 낑
가고 싶어도
갈 수가 없네
…

이렇게 되면 원래 바닷물이 가라앉고 빈자리가 되어야 할 곳에
빙하 녹은 물이 머물면서

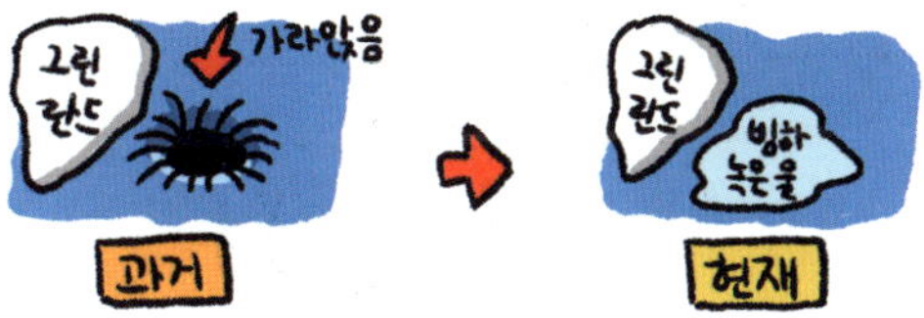
그린
란드
가라앉음
과거
그린
란드
빙하
녹은 물
현재

따뜻한 멕시코 만류가 올라오지 못하고

그린란드
왜 안 와?
자리가 없는데 어떻게 가요?
빌 빌
멕

대서양 북쪽은 평소보다 추워지면서
빙하기가 시작되는 것이다.

이 모든 게 내가 녹아서 생긴 나비 효과라구!
그러니까 안 녹게 신경써줘잉ㅠ

물론 영화 장면처럼 냉기가 파도처럼 밀려오고
헬기 문을 열자마자 사람이 얼어붙는 정도는 아니겠지만…

영화니까 당연히 과장이 좀 들어갔겠죠?
솔직히 남극도 그 정도는 아님.

실제로 12,000년 전 정확히 똑같은 이유로
북반구에 '영거 드라이아스기'라는 빙하기가 찾아왔던 만큼

날씨가 추워지면서
드라이아스라는 꽃이
많이 피어서 붙은 이름이에요!
과학자들도 나름
낭만이 있네…

지구온난화가 심해지는 요즘
가장 경각심을 가져야 할 지구 멸망 요인이 아닐까 싶다.

콜프는 더워서 죽는 것보단
추워서 죽는 게 낫다고 생각함…
안 죽는 선택지는
없나요?

마지막으로 간단하게
옛날 영화 〈아마겟돈〉에서 등장한 소행성 충돌을 살펴보자.

ARMAGEDDON
안녕
으아아
라떼
안 마셔요?
라떼보다
전이지롱~

소행성은 주로 화성과 목성 사이에 빽빽하게 몰려 있다.

이 중 하나가 삐끗해서 지구로 달려오면 충돌이 일어나는 건데…

반지름 1km인 소행성만 충돌하더라도 지구 멸망은 거의 확정적.

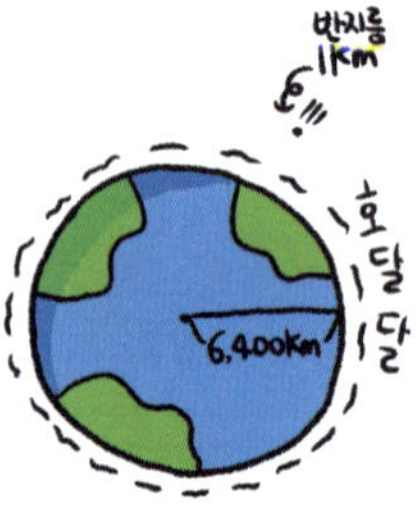

알려진 소행성만 20만 개 가까이 되니
하나쯤은 지구에 충돌할 것 같겠지만

다행히 목성의 중력이 소행성을 궤도에 잘 안착시키고 있어서
아직까지 위협적인 소행성은 없는 편이다.

요즘 것들은…
떼잉…
질 질 질
아아
아파
아

또 과학자들이 소행성마다 '토리노 척도'라는 위험 척도를 부여해서
잘 지켜보고 있으니

0부터
10까지
있는데
1을 넘는 건
2024YR4
하나뿐이에요!

공룡처럼 인류가 갑자기 멸망할 확률은 거의 없다.

근데 지구온난화로
천천히 망하는 것보단
빠르고 확실한 게 나을지도…
그냥 안 망하면
안 될까?

영화 속 재난이 실제로 지구에서 일어날 확률은 희박하지만

영화는 영화일 뿐!
휴…

그 말인즉슨 지금 현재로서는
인류가 스스로 멸망할 확률이 가장 높다는 뜻이기도 하니…

인간은 바이러스야!
미스터 발렌타인
미스터 발렌타인! 오랜만이네요.

소중한 지구가 멸망하지 않도록 다 같이 아껴줘야 하지 않을까?

결국 오늘도 지구 사랑 엔딩 …

END

22

우리는 어떻게 끝이 날까, 우주의 마지막 이야기

콜프는 MBTI에서 N이 99%인 사람이다.

콜프야, 무슨 생각해?
멍-

어렸을 적 한동안 콜프의 고민은…

우주는 하나일까?
우주는 영원할까?
우주 밖에도 무언가 있을까?

오늘은 이 중에서 '우주는 영원할까?'라는 질문에 대한 답을 찾아보자.

지난번엔 지구 멸망이더니 이번엔 우주 멸망인가요?
어쩌다 보니 스케일이 커졌네;;

마지막 화답게 내용이 조금 어려울 수 있으니
정신 바짝 곤두세우고 쫓아올 것!

VIP 코스
똑똑이만 모십니다!!
여러분도 할 수 있다!

먼저 우리 지구의 종말부터 살펴보자.

저번에
봤잖아요?
인류 종말 말고
ㄹㅇ 지구의 끝
말이야!

태양은 수명이 정해진 별이니
지구 또한 약속된 종말을 맞이할 것이다.

한 50억 년만
더 살면 돼요!
ㅇㅇ 건강 관리
잘하라구~

우리 태양은 중심부 수소를 태우며 빛을 내고 있는데…

수소

수소로
타는 거라서
수타!
아재 개그
싫다면서요…

언젠가 중심부 수소가 고갈되면
중심부 바깥의 수소를 태우면서 바깥층이 급격히 팽창한다.

이름하여
레드 자이언트!
그냥 적색 거성이라고
말해…

그렇게 태양이 '적색 거성'이 되면
지구는 순식간에 커진 태양에게 잡아먹힐 것이다.

잘 먹겠습니다!
수
금
지
앙

이후에도 태양의 껍질은 수축과 팽창을 반복하다가

두
캔유필마
핡빗?
근

아름다운 구름인 '행성상 성운'이 되어
다시 별들이 태어날 수 있는 토대가 되어주고,

중심부는 뭉쳐져 '백색 왜성'이라는,
하얗고 매우 무거운 별로 남을 것이다.

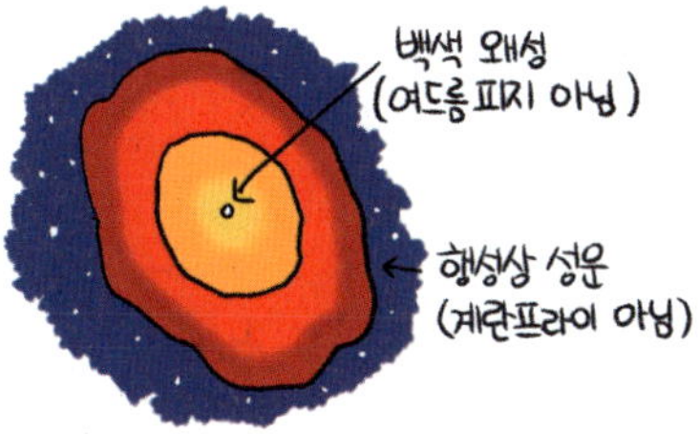
백색 왜성
(여드름 피지 아님)
행성상 성운
(계란프라이 아님)

그럼 태양계가 속한 우리은하는 어떻게 될까?

와! 우리가 사는 우리 우리은하잖아!
우리가 우리 우리은하를 얼마나 아끼는데!
시끄러워! 그만 우리고 설명이나 해!

우리은하는 태양이 죽기 약간 전인 33억 년 후
안드로메다은하와 합쳐질 것이다.

거참…
17억 년 차라니
참 간발의
차이네요.
그럼 그럼,
지구과학적
시야를 기르라구!

합쳐진다고 해도 우리은하의 천체와 안드로메다은하의 천체가
부딪힐 확률은 그야말로 0에 가깝겠지만…

은하 대부분은
빈 공간이에요!
우리 사이에
얘네가 다
들어갈 정도니까요!
수금화목토천해
달

어쨌든 우리은하는 그렇게 주변 은하와 합쳐지고 또 합쳐지며,
늙고 붉은 타원 은하로 진화해나갈 것이다.

홀홀… 나도 젊었을 때는
팔도 있었고 말이야, 홀홀…

시간이 지날수록 태양 외에도 많은 별이 죽어가면서,

꽥
꽥
꽥
-오리 농장 아님-

어떤 별은 태양처럼 백색 왜성이 될 것이고

한 마디로 별의 뼈다귀죠.
작지만 묵직하다!
왜

태양보다 더 무거운 별은 중성자별이나 블랙홀이 될 것이다.

나만 죽을 순 없지!
드루와! 다 드루와!
모든 걸 삼켜버릴 블랙맘… 아니 블랙홀

그리고 언젠가는 백색 왜성도 그 빛을 잃어 흑색 왜성이 될 것이고,

푸
쉬식
엄마, 쟤 썩었어.
저런.

영원히 심술부릴 것 같던 블랙홀도 점점 증발하며 자취를 감출 것이다.

궁금하면 '호킹 복사'를 검색해주세요!
왜 안 그리고 직무 유기해요?
그렸다가는 여기서 다 책 덮을 걸?

그럼 그 다음에는?

과학자들은 우주 공간의 '곡률'에 따라
크게 세 가지의 가능성을 제시했다.

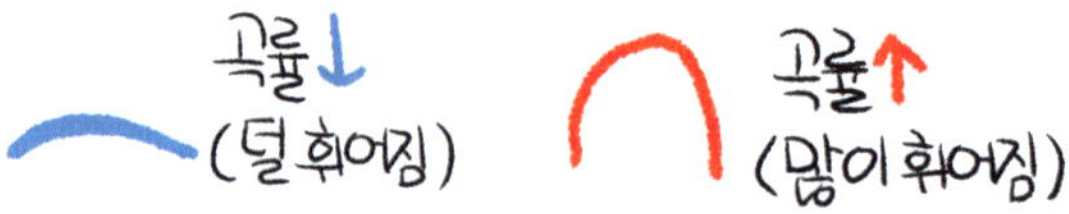
곡률↓
(덜 휘어짐)
곡률↑
(많이 휘어짐)

별들뿐 아니라 모든 물질은 중력을 가지고 있기에,
물질이 많으면 많을수록 시공간은 더 많이 휠 것이다.

우주는 곡률에 따라 세 가지 모양으로 나눌 수 있는데,

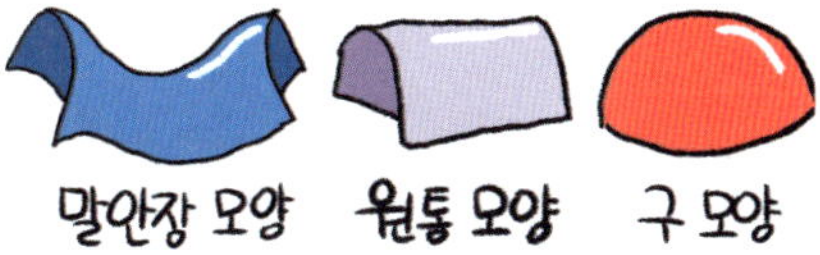

곡률은 말안장<원통<구 순이고

이 곡률을 결정하는 것은 별들의 밀도다.

우주가 원통 모양의 곡률, 즉 평평한 곡률을 가질 때의 밀도를
'임계 밀도'라고 하며, 기호로는 오메가(Ω)를 쓴다.

우주의 모양에 따라 밀도와 임계 밀도를 비교하면 다음과 같다.

이러한 밀도의 차이 때문에
내부 별들이 가진 중력의 크기 또한 말안장<원통<구 순이다.

정리

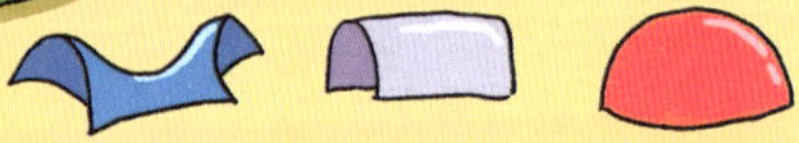

	말안장 우주	원통 우주	구형 우주
곡률	↓	적당	↑
물질 밀도	↓(<Ω)	=Ω	↑(>Ω)
내부 중력	↓	적당	↑

내부 별들의 중력은 우주의 중심을 향해 작용하기에

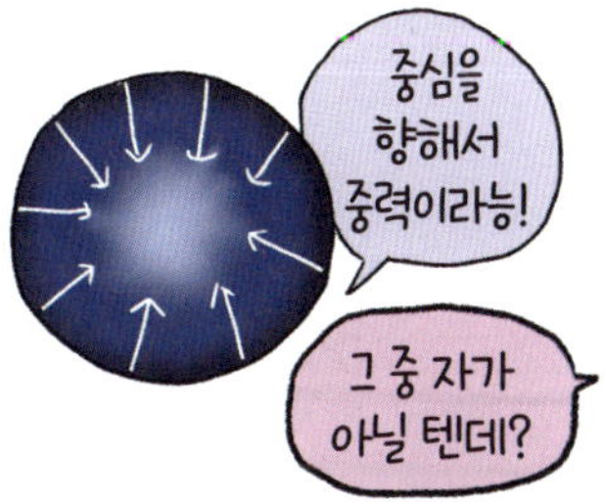
중심을 향해서 중력이라능!
그 중 자가 아닐 텐데?

우주를 팽창시키는 힘에 맞서 우주를 수축시키는 힘으로 작용한다.

뭉치면 살고 흩어지면 죽는다!
저기… 뭉쳐도 죽는 거 아니야?

어쨌든 이 팽창 에너지와 중력의 줄다리기로
우주의 운명이 결정되는데…

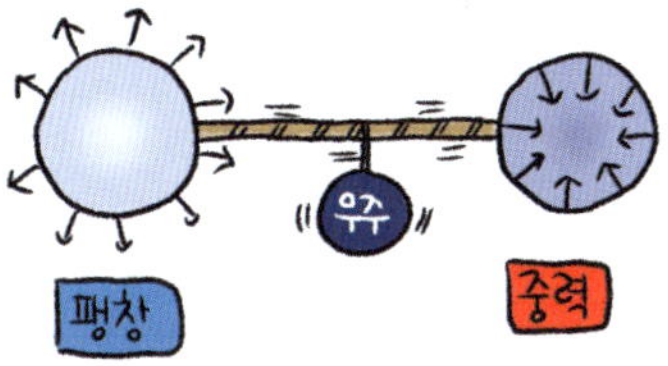
우주
팽창
중력

만약 우주가 말안장 모양이라면 우주는 걷잡을 수 없이 팽창하여…

중력 따위 쨉이 안 되지!

은하는 별로, 별은 가스 구름으로,

짜
악

분자는 원자로, 원자는 원자핵과 전자로,
또 그들은 더 작은 입자로 찢어지는 '빅 립(Big Rip)'을 맞이한다.

펑
퍼벙
거 시끄러워
잠을 못 자겠네!

에너지 밀도도 걷잡을 수 없이 낮아지며, 우주는 한없이 차갑게 찢어지는
'빅 프리즈(Big Freeze)' 결말을 향해간다.

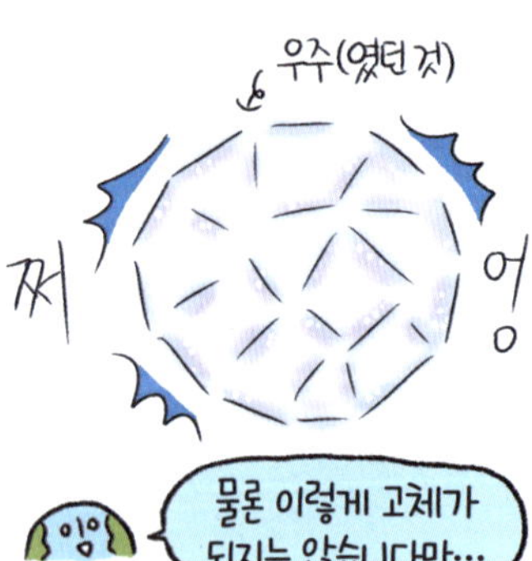

우주(였던 것)
쩌
엉
잉
물론 이렇게 고체가
되지는 않습니다만…

만약 우주가 구 모양이라면,
우주는 언젠가 팽창을 멈추고 수축하여…

자, 이제 땡길
시간입니다~

모든 것이 하나의 점으로 모이며 빅뱅 이전의 상태로 돌아가는
'빅 크런치(Big Crunch)' 결말을 맞이할 것이다.

다시
하나로!
우주(였던 것)

만약 우주가 평탄하다면,
어느 순간부터 팽창 속도가 0에 수렴하게 된다.

그리고 오래
오래 행복하게
살았답니다~
끝
뭐야? 노잼
-ㅗ-

여러 증거들은 우리 우주가 평탄하다는 사실을 강력하게 시사한다.

대표적으로 BOOMERanG
실험에서 우주 공간에 그린
삼각형 내각의 합이
180°라는 사실이 드러났죠!
180°

그 말은 곧 우주의 밀도가 임계 밀도와 같다는 건데…

우주
빽빽
듬성

관측 가능한 물질의 밀도는 임계 밀도의 겨우 0.05배밖에 되지 않는다는 치명적 문제가 있었다.

밀도

그럼 도대체 나머지 0.95의 밀도는 어디 가 있는 걸까?

분명히 꿍쳐놓은
밀도가 있을
텐데…
뒤적
밀도
뒤적

분명히 있긴 있는데 아무리 관측해도 보이질 않으니 환장할 노릇.

아무고토 없는데요?
근데 분명 있다니까!!!

이 미지의 물질에 과학자들은 '암흑 물질'이란 이름을 붙였다.

보이느냐… 내 암.흑.물.질.이…
우리 우주 사촌기니?
ㅋㅋㅋ ㅋㅋㅋㅋ
우주
잉

이름과 달리 암흑 물질은 결코 까맣지 않다.

잉
'까맣다'는 것 자체가 까맣게 '관측'되었다는 뜻이니까요!

어떤 곳에 암흑 물질이 있는지 알아채는 방법은
오로지 중력적인 차원에서만 가능하다.

암흑 물질 주변에서 빛이 휜다든지 등등이요!
?

그리고 이 물질의 양은 보통 물질의 다섯 배나 된다.

빛보다 가득한 어둠…
그것이 와따시노 본질…
우주
우주야, 중2병 언제 끝나니?

그런데 그러면…

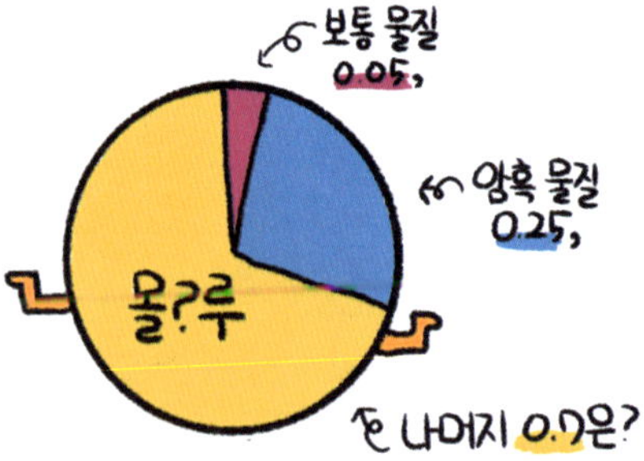
보통 물질 0.05,
암흑 물질 0.25,
몰?루
나머지 0.7은?

이 해답은 우주 팽창에서 찾을 수 있는데…

우주 팽창

평탄 우주는 언젠가 팽창 속도가 0에 수렴해야 하는데…
오히려 점점 빨라지고 있다는 점에 주목해보자.

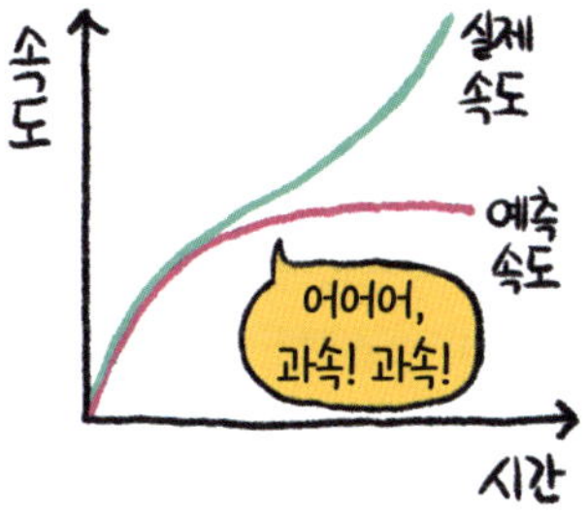
속도
실제 속도
예측 속도
어어어, 과속! 과속!
시간

이렇게 우주를 더 빠르게 팽창시키는 힘은 뭘까?

나의 입김이지!
신
이거 과학 만화예요…

놀랍게도 정답은 아직 아무도 모른다.

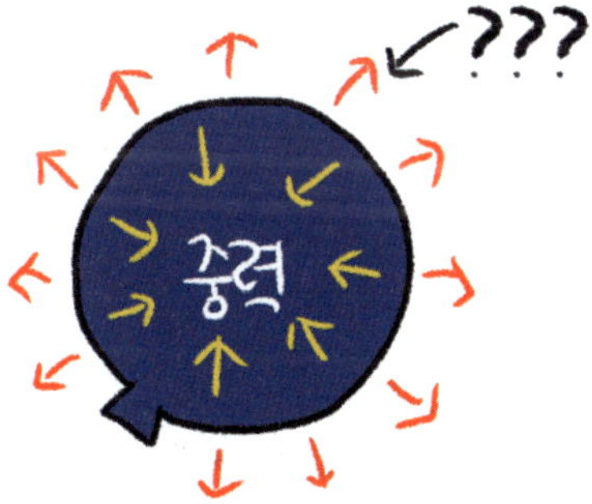
???
중력

어떤 종류인지, 어디서 왔는지, 어떤 형태인지
아무것도 밝혀진 게 없다.

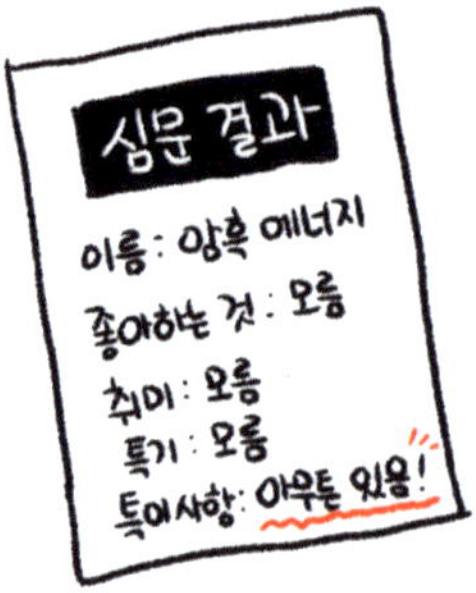
심문 결과
이름: 암흑 에너지
좋아하는 것: 모름
취미: 모름
특기: 모름
특이사항: 아무튼 있음!

그래서 이 녀석의 이름은 '암흑 에너지'다.

모르니까 암흑 에너지라 불러!
왜요?
멋있잖아!

그래서 우리 우주는 평탄 우주지만
이 암흑 에너지 때문에 열린 우주와 같은 운명을 맞이할 확률이 크다.

모든 것이 찢기고 차가워져…
우주를 떠돌게 되겠지…

하지만 어쩌면…
우리 우주의 종말은 새로운 우주의 시작이 되어줄 수도 있지 않을까?

우주의 종말이자 탄생
째깍
째깍

아니면 이 우주는
그냥 수억 개의 우주 중 하나에 불과할 수도 있지 않을까?

꽥
Message: 우주의 개수가 999,999,999,999,999개로 줄었습니다.

우주가 이리도 많은 비밀을 숨기고 있는 것은
인간이 알아서 좋을 게 없기 때문인 건 아닐까?

알면 다쳐.
신
뭘 자꾸 알려고 해?
궁금하잖아!!!
세상의 법칙

‘우리는 지구를 알기엔 너무 늦게 태어났고
우주를 알기엔 너무 일찍 태어났다’는 말이 있다.

지구는 너무 좁고
우주는 너무 넓어!

조그만 행성에 갇혀 우주의 끝을 내다보려 하는 것은
무모한 일일 수도 있지만

알려고 하지 마.
신
다친다니까?
우주
아 글쎄 궁금하다구요!!!

어찌 보면 또 새로운 것을 알아가려는 인간의 노력이
지금의 편리한 세상을 만든 것은 아닐까 싶다.

“세상에 쓸모없는 호기심은 없다.”
– 콜프(19XX~)

완결을 맞이하여 내가 늘 학생들에게 하는 말을 써보자면

우리가 살고 있는
이 우주와 자연이
얼마나 정교하고
아름다운지
알고 싶지 않니?

지금까지 이 만화를 읽으며 우주와 자연의 신비함, 경이로움을
조금이라도 느낄 수 있었길 바라며…

지금까지 읽어주셔서
진심으로 감사드립니다!

END

에필로그

콜프가 처음 지구과학에 발을 들이게 된 이유는
슬프게도 물리를 못해서였다.

물리
올림피아드는
그른 것 같고…
모두가
노베인
지구과학은
어때?
* 노베: 노 베이스,
기초가 없는 상태

그때는 그냥 잘하니까 선택한 거였지… 애정은 있지도 않았다.

지구과학 올림피아드는
그래도 할 만하니까…

그러다 지구과학의 참맛을 알게 된 건
고등학교 때 과학 경시대회를 준비하게 되면서부터다.

이게 이런
뜻이었어?!

한 페이지 한 페이지를 넘길 때마다
지구의 신비가 새록새록 다가오는 기분이었다.

화
아
아

그렇게 나는 극렬 지구과학 신도가 되어 지구과학 교사를 꿈꾸었고…

최고다!!!
지학짱 다이스키!!!

지구과학 교사로서 갈 수 있는 최고의 대학을 목표로 공부했다.

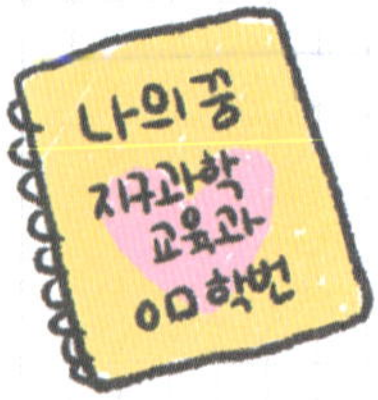
나의 꿈
지구과학 교육과
00학번

그런데 모든 꿈을 이룬 내 자부심과 달리 현실은 냉혹했다.

솔직히 지구과학 해도 이과임?
지학 해서 뭐 먹고살아요?

그래서 휫김에 그린 만화가 지금의 1화,
'지구과학도 과학이다'였는데…

그래! 무시해라, 무시해!
알못들아 이거나 봐라!!!

모 커뮤니티에 올렸더니 예상 외로 반응이 좋아서,
내 마음속에서 희망이 고개를 들기 시작했다.

어쩌면 더 많은 사람들한테 지구과학의 재미를 전파할 수 있을지도…?!
뜨거운 반응

그래서 감사하게도 여기까지 올 수 있었고,
많은 사랑 속에서 책까지 만들어냈다.

으악
끝까지 봐준 여러분! 제 하트를 받아주세요ㅠ 뿁뿁!

마지막으로… 놀랍게도 이 만화에도 캐릭터라는 게 있기 때문에
커튼콜로 마무리를 지어보려고 한다.

콜프

서울의 고등학교 지구과학 교사. 풀네임은 콜드프론트(10화 참고).
2026년으로 딱 11년 차. 지구과학을 무시하는 발언은 '참치 안는다'.

삑삑이

콜프의 학생.
모르는 게 많다. 콜프의 말에 주로 질문하는 역할.
모자라지만 애는 착혀.

파워레인저

콜프의 학생 2, 3, 4.
아는 건 조금 있지만 질풍노도의 시기라 반항기도 좀 있다.
콜프의 말에 주로 태클 거는 역할.

문돌이

콜프의 남편.
언제나 콜프를 응원해준다.
가끔 말도 안되는 콜프의 짓거리에 환장할 때가 많다.

참고로 문돌이의 '문'은 '문과'가 아니라 달, 'Moon'을 뜻한다.
콜프가 지구라 자기는 달이라고 스스로 붙인 별명이다.

(문돌이는 공대생이다. 그리고 물화생 선택자다. 배신자.)

아무튼 이 친구들과 함께했던 시간이
여러분들께 즐거운 경험이었길 바라며…

하나 둘 셋!

끝까지 함께해주셔서
감사합니다!!!

FIN.